基礎から学ぶ
コンピュータアーキテクチャ

遠藤 敏夫 著

森北出版株式会社

●本書の補足情報・正誤表を公開する場合があります．当社 Web サイト（下記）で本書を検索し，書籍ページをご確認ください．
https://www.morikita.co.jp/

●本書の内容に関するご質問は下記のメールアドレスまでお願いします．なお，電話でのご質問には応じかねますので，あらかじめご了承ください．
editor@morikita.co.jp

●本書により得られた情報の使用から生じるいかなる損害についても，当社および本書の著者は責任を負わないものとします．

JCOPY 〈(一社)出版者著作権管理機構 委託出版物〉
本書の無断複製は，著作権法上での例外を除き禁じられています．複製される場合は，そのつど事前に上記機構（電話 03-5244-5088，FAX 03-5244-5089，e-mail: info@jcopy.or.jp）の許諾を得てください．

まえがき

今，我々の周りからコンピュータが，突然，姿を消したら……．携帯電話が使えないから家族と連絡がとれない．ATM のコンピュータシステムもダウンするから現金を引き出せない．また，あらゆる家庭電化製品の心臓部にコンピュータが組み込まれているので，冷蔵庫も，洗濯機も使えない．車もエンジンがコンピュータ制御されているので動かない．まさに，大地震直後のパニック状態を描いているようである．このように，コンピュータは，我々の生活を支えるのに不可欠な存在である．今後，さらに便利な生活を享受するには，今以上にコンピュータに携わる技術者が必要とされる．

コンピュータを用いたシステム・製品の開発技術者はもちろんのこと，製造，営業，保守分野の技術者にも，コンピュータ動作の基本的な仕組みは理解できていることが要求される．

本書は，コンピュータ技術者の入門書として，また，これからコンピュータ科学を学ぶ大学，高専の教科書として執筆したもので，コンピュータの中核を成す CPU (central processing unit：中央処理装置) の仕組みを解説している．具体的には，論理回路を組み合わせて，ある仮想コンピュータの命令セットにもとづいて動作する CPU を構成し，その動作の流れを理解することによって，コンピュータの基本構造と動作の仕組みを学ぶことができるように配慮されている．仮想コンピュータとしては，基本情報技術者試験で出題されるアセンブリ言語・CASL II のターゲットコンピュータである COMET II を取り上げている．

第 1 章では，ノイマン型といわれるコンピュータの基本構成と，動作する仕組みを概観している．

第 2 章では，コンピュータに必須の 2 進数をはじめとする数体系について解説している．

第 3 章では，0, 1 の 2 値を扱う論理関数・論理代数，さらには，論理関数の

簡単化手法について解説し，次章の論理回路設計に連結させている．

　第4章では，コンピュータを構成する基本的な論理回路の設計手順，動作原理について解説している．

　第5章では，算術論理演算ユニットの設計例を解説している．

　第6章では，COMET Ⅱの命令体系を豊富な例題で解説している．

　第7章では，COMET Ⅱの各命令を実行するCPUを，第4章の論理回路，第5章の算術論理演算ユニットなどをブロック単位（モジュールという）で組み合わせて構成し，各モジュールの動作を説明しながら，本書が目的とするコンピュータの基本構造と動作する仕組みを解説している．また，高速プログラム処理を狙いとするパイプライン処理についても触れている．

　本書の執筆にあたっては，次の点に配慮した．
 (1) 文章は簡素にして，説明不足の点は図表で補うようにした．
 (2) 論理回路の解説は，CPUの機能を理解するのに必要な，基本的な回路のみに留めた．
 (3) 命令体系の解説に必要なターゲットコンピュータには，一般性を配慮してCOMET Ⅱを採用した．
 (4) CPUの動作説明で用いる論理回路は，機能ごとのモジュールで表現し，細かな部分は省いて，本質を理解できるようにした．

　本書が，これからコンピュータを学ぶ方々の手助けになることを大いに期待するものである．

　最後に，本書の執筆にあたり森北出版（株）の方々に，大変お世話になりましたことを厚くお礼申しあげます．

2008年1月

著　者

私も
コンピュータで
動いています……

● Illustration by HITOSHI IGUCHI

目　次

第1章　コンピュータの構成要素
1.1　ハードウェア構成要素 …………………………………………… 1
1.2　機械語プログラム ………………………………………………… 3
1.3　コンピュータの動作 ……………………………………………… 5
1.4　アーキテクチャ …………………………………………………… 6
1.5　本書で学ぶ内容 …………………………………………………… 7
演習問題………………………………………………………………… 8

第2章　情報の表現
2.1　数体系 ……………………………………………………………… 9
2.2　2進数の負数表現 ………………………………………………… 14
2.3　2進数の乗除算 …………………………………………………… 19
2.4　コンピュータ内部の数値表現 …………………………………… 24
2.5　コンピュータ内部の記号表現 …………………………………… 30
2.6　パリティ検査 ……………………………………………………… 32
2.7　時間・周波数の単位と接頭語 …………………………………… 33
まとめ＆展開…………………………………………………………… 35
演習問題………………………………………………………………… 35

第3章　論理関数
3.1　論理回路と論理代数 ……………………………………………… 36
3.2　基本論理演算 ……………………………………………………… 38
3.3　論理代数の公理・定理 …………………………………………… 40
3.4　公理・定理を用いた論理関数の簡単化 ………………………… 43
3.5　主加法標準形と主乗法標準形 …………………………………… 43

3.6　カルノー図表 …………………………………………… 47
まとめ＆展開 ……………………………………………… 51
演習問題 …………………………………………………… 51

第4章　コンピュータの論理回路

4.1　基本論理回路 …………………………………………… 53
4.2　その他の基本的な論理回路 …………………………… 56
4.3　組み合わせ論理回路 …………………………………… 58
4.4　フリップフロップ ……………………………………… 64
4.5　カウンタ ………………………………………………… 70
4.6　レジスタ ………………………………………………… 72
4.7　その他の回路 …………………………………………… 74
まとめ＆展開 ……………………………………………… 76
演習問題 …………………………………………………… 76

第5章　演算装置

5.1　算術加減算回路 ………………………………………… 79
5.2　ALUの構成 ……………………………………………… 83
5.3　シフト演算 ……………………………………………… 89
5.4　演算結果の状態判定 …………………………………… 91
5.5　乗算器 …………………………………………………… 94
まとめ＆展開 ……………………………………………… 96
演習問題 …………………………………………………… 96

第6章　命令セットアーキテクチャ

6.1　COMET IIのハードウェア仕様 ……………………… 98
6.2　命令の形式 ……………………………………………… 101
6.3　アドレス指定（アドレッシング） …………………… 105
6.4　機械語命令とアセンブラ ……………………………… 107
6.5　アセンブリ言語 CASL IIの仕様 ……………………… 110
6.6　COMET IIの機械語命令 ……………………………… 114
まとめ＆展開 ……………………………………………… 135

演習問題·· 135

第7章　制御アーキテクチャ
7.1　COMET II-STAR の仕様 ··· 140
7.2　命令実行の流れ ··· 145
7.3　命令フェッチサイクルの動作 ·· 146
7.4　レジスタ間操作命令の実行サイクル ······································· 150
7.5　レジスタ・メモリ間操作命令の実行サイクル ·························· 152
7.6　条件付き分岐命令の実行サイクル ··· 154
7.7　スタック操作命令の実行サイクル ··· 156
7.8　コール・リターン命令の実行サイクル ··································· 157
7.9　COMET II-STAR の入出力 ··· 159
7.10　COMET II-STAR の割り込み機能 ·· 164
7.11　パイプライン処理 ·· 166
まとめ＆展開·· 171
演習問題·· 171

参考文献 ·· 172
演習問題解答 ·· 173
索　引 ··· 183

章末で，いつも待っています．
予習・復習，欠かさず続けてネ……

第 1 章

コンピュータの構成要素

> 現在使われているコンピュータのほとんどが，ノイマン型とよばれる方式のコンピュータである．本章では，このノイマン型コンピュータの基本構成と動作する仕組みを概観し，本書で何を学ぶかを明らかにする．

◆ 1.1 ハードウェア構成要素

最初に，ハードウェア（hardware）構成要素について考えてみよう．コンピュータのハードウェアとは，コンピュータを物として構成している電子回路や電気回路，さらには，データを入力するキーボードや処理結果を出力するモニタやプリンタなどの装置を総称していう．

家庭電化製品などの民生品から，計測機器やロボットなどの工業製品・製造設備など，コンピュータは，あらゆる分野の製品に組み込まれている．これらのコンピュータは，性能・機能が異なっても，ほとんどがノイマン型といわれる方式のコンピュータである．ノイマン型コンピュータ（von Neumann computer）とは，主記憶装置に命令とデータを記憶させ（プログラム内蔵方式という），主記憶装置から命令を順番に読み出しながら処理を実行する方式

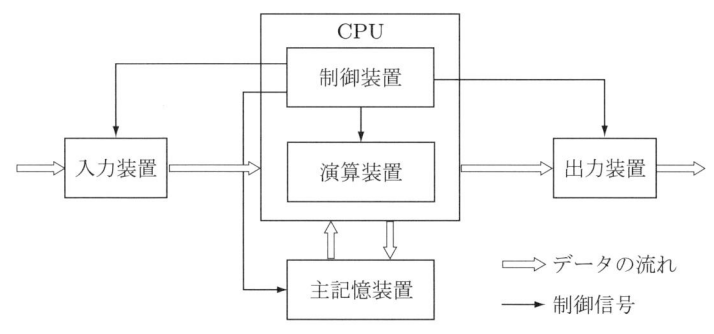

図 1.1　ノイマン型コンピュータの基本構成

のコンピュータで，現在のコンピュータの原形が開発されて以来，その基本的な構造は現在も変わらない．

ノイマン型コンピュータのハードウェア基本構成は，①演算装置，②制御装置，③主記憶装置，④入力装置，⑤出力装置の5要素からなる（図1.1）．

以下，各構成要素の機能を概説する．

① **演算装置**（arithmetic unit）

加減算や論理演算を実行する算術論理演算ユニット（ALU：arithmetic and logic unit），乗除算回路，あるいは，汎用レジスタという小規模メモリなどで構成される．汎用レジスタは，メモリデータの読み書きに使われたり，演算データを一時保存するために使われるレジスタである．以後，メモリとのデータ読み書きの動作をアクセスと表現する．

② **制御装置**（control unit）

演算，主記憶，入力，出力の各装置がプログラムされた命令どおり機能するように，コンピュータ全体の動作を制御する役割を担う．具体的には，命令の実行順序制御，命令の読み出し，命令解読を実行し，解読された命令に応じて制御信号を生成することによって，他のコンピュータ構成要素を制御する．

■ **CPU と MPU**：演算装置と制御装置をまとめて，CPU（central processing unit：中央処理装置）という．また，CPU を，1個の LSI（large scale integrated circuit：大規模集積回路）で構成したものをマイクロプロセッサ（microprocessor），または，MPU（micro processing unit：超小型演算処理装置）という．

LSI とは，数多くの半導体素子を集積化した電子回路のことで，半導体製造技術の驚異的な進歩とともに集積度が飛躍的に高められ，高速動作，高機能，低消費電力の製品が競って開発されてきた．LSI の塊であるコンピュータも，世界初の4ビット MPU「Intel 4004」が，1971年に米国のインテル社で開発されて以来，処理速度や処理能力の高い高機能 MPU が，次々と提供されている（第1章演習問題1）．

最近の CPU は，LSI 化されているので，MPU とよぶ方が相応しいであろう．しかし，本書は，CPU 機能の理解に主眼を置き，演算装置と制御装置の機能・構造を，別々に取り上げて解説しているので，CPU とよぶことにする．

③　**主記憶装置**（main memory unit）
命令語とデータを記憶する装置で，主メモリともいう．現在の主メモリは，ほとんどすべてが半導体メモリである．主メモリは，CPU と比較して動作速度が遅い．このため，高速処理を実現する目的で，CPU と主メモリの間にキャッシュメモリという主メモリより小規模であるが高速なメモリが組み込まれる．キャッシュメモリには，使用頻度の高いプログラムやデータが記憶される．

なお，本書が取り上げるメモリは，主メモリのみである．よって，以後，主メモリを簡略して，単にメモリとよぶ．

④　**入力装置**（input unit）
文字データなど，人間が理解できるデータを，コンピュータが処理できるデータに変換する．キーボードやマウスなどが，この装置に該当する．

⑤　**出力装置**（output unit）
コンピュータで処理されたデータを，人間が理解できるように外部に出力する．液晶モニタやプリンタが，この装置に該当する．

■　**周辺装置**：CPU とメモリをコンピュータ本体，入出力装置を周辺装置ともいう．入出力装置のほかに，大量データを記憶する補助記憶装置，例えば，HDD（hard disk drive）なども周辺装置に含まれる．

■　**MCU**：CPU，メモリ，さらには，CPU と外部装置との接続回路を，1 個の LSI に搭載したコンピュータをシングルチップコンピュータ，あるいは，MCU（micro control unit）といい，主に，家庭電化製品や産業機械の制御装置に組み込まれ，各機器・装置の心臓部として使われている．

◆ 1.2　機械語プログラム

コンピュータが，電子回路を中心に構成された，物理的な "物" としてのハードウェアだけでは動作しないことは，誰もが知っていることである．コンピュータを動作させ，その機能を発揮させるには，論理的な "モノ" であるプログラムというソフトウェア（software）が必要である．プログラムは，人間にとって理解できる言語で記述される．この言語のことをプログラミング言語といい，C，C++，Java などの高級言語がよく使われる．高級言語で作成されたプログラムは，コンパイラ（compiler）というプログラムを通して，コンピュータが直接実行できる機械語プログラムに変換される．機械語（machine language）

に変換されたプログラムは，メモリに記憶される．このコンパイラによる機械語への変換，機械語のメモリへの転送とも，コンピュータによって実行される．

なお，高級言語とは，人間が使うような単語や文字，記号類などを組み合わせてプログラムを記述できるようにしたプログラミング言語である．

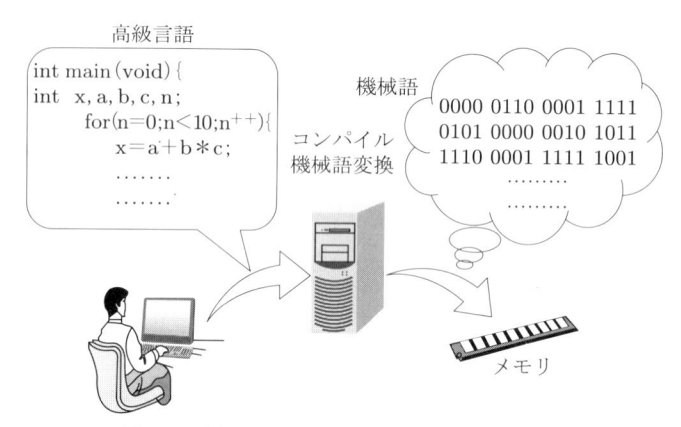

図 1.2　高級言語による機械語プログラムの開発

■　命令セット

機械語プログラムは，機械語命令（machine instruction）とデータから構成される．このうち，機械語命令は，16桁（16ビット），32桁，あるいは，64桁といった，ある定められた桁数の2進数で表現され，2進数の0と1の組み合わせ（ビットパターン）で，図1.3に示すように①命令の種類と，②命令で操作するデータの格納場所を指定する．このビットパターンで割り振られた機械語命令の一覧を命令セット（instruction set）という．

CPUを構成する回路は，機械語命令に従って動作するように設計される．したがって，CPUの機能・構造は，機械語命令の種類と操作データの指定方式によって決まることになる．すなわち，CPUの設計思想は，命令セットに集約されるといっても過言ではない．

図 1.3　機械語命令の2進数表示例

■ 機械語命令とアセンブリ言語

目的の処理を実行するプログラムは，0と1の文字列が並んだ機械語命令とデータを組み合わせて作成される．0と1を並べて，プログラムを作成するとミスを犯しやすい．そこで，機械語命令は，人間が理解しやすい英文字の略語を使ったアセンブリ言語（assembly language）の命令で表現される．それぞれのCPUには，それぞれの命令セットが定められているので，CPUごとに専用のアセンブリ言語が提供されている．C言語やJavaなどの高級言語に対して，アセンブリ言語のような機械語命令に直接対応したプログラミング言語を低水準言語という．アセンブリ言語は，アセンブラ言語ともいわれる．

本書では，CPUの機械語命令を議論するので，アセンブリ言語のみをプログラミング言語として扱う．入出力機能やメモリ管理など，コンピュータシステムを管理するOS（operating system）には触れない．

◆ 1.3 コンピュータの動作

制御装置は，メモリに記憶された機械語命令を読み出し，そのビットパターンから命令内容を解読して，命令に応じた制御信号を生成する．ALUや，他のハードウェア要素を構成する回路は，この制御信号によって動作が制御され，

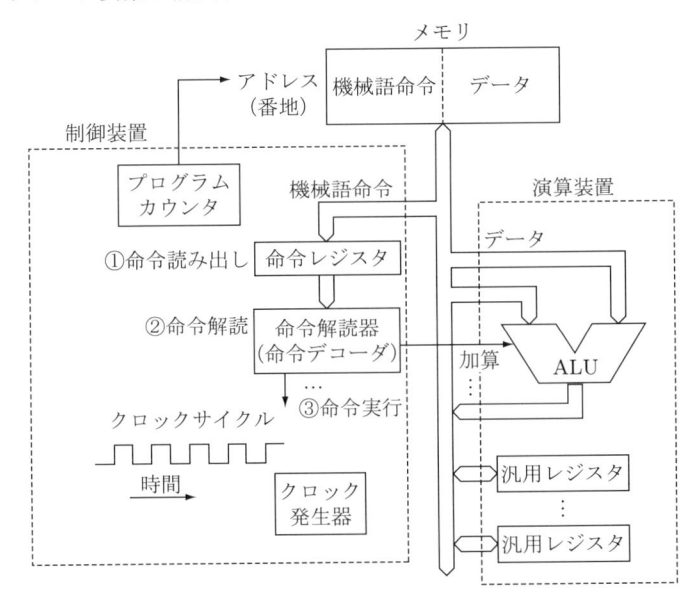

図 1.4　機械語プログラム実行動作の概念図

演算やメモリとのデータ転送などの処理が実行される．どのメモリ番地（アドレス）から機械語命令を読み出すかは，制御装置のプログラムカウンタによって，その順序が制御される．プログラムカウンタは，機械語命令を読み出すつどカウントアップする機能を備えているので，プログラムはメモリに記憶された命令順序に従って実行されるが，機械語命令によってはプログラムカウンタの内容を変えることもできる．

また，①機械語命令の読み出し，②解読，③命令実行を担う各回路は，クロックサイクルといわれる矩形波の繰り返し信号に合わせて（同期させて），動作タイミングが制御される．このような動作を各機械語命令ごとに繰り返すことによってプログラムは処理される．

◆ 1.4 アーキテクチャ

コンピュータの用途として，例えば，周囲の明るさに応じて瞬時にライトの輝度を制御する単純な応用例を考えてみよう．ライトの光源として，高速応答が可能な発光ダイオードを想定し，また，1/1000 秒オーダーの制御応答が求められているとする．このライト輝度制御において，コンピュータに求められる主な処理に，ライトに投入する電力の計算がある．電力は，センサで検出された明るさを電力関数に代入することによって求めることができる．電力関数の計算には乗除算を必要とする．CPU に乗除算専用回路を搭載するなら高速演算が可能となり，周囲の明るさに超高速で応答するライト輝度制御が実現できる．また，乗算・除算の機械語命令を命令セットの中に加えることができるので，プログラムの作成も容易になる．しかし，回路が複雑になり，ハードウェアの負担が重くなる．

一方，乗除算回路という特別な回路を CPU に搭載せずに，加算命令などの ALU 基本命令を組み合わせたプログラムで乗除算を実行することもできる．しかし，プログラムによる乗除算は，複数の命令を組み合わせて実行されるので乗除算回路による演算よりも大幅に処理時間が長くなり，ライトの輝度を瞬時制御することは難しくなる．そこで，ソフトウェアで高速処理するため，乗除算なしで投入電力を求める工夫，例えば，予め投入電力と明るさの関係を計算で求めておき，明るさをメモリアドレス，投入電力をメモリ内容とする．明るさと投入電力の対応表をメモリに構成することによって，単に，メモリを読み出す程度で瞬時に電力値を決定できるような工夫が必要となる．

このように，CPUに乗除算回路を備えないと，処理速度をアップさせるために，ソフトウェア上で何らかの工夫を必要とし，ソフトウェアの負担が重くなる．つまり，ハードウェアとソフトウェアの両方に都合がよいコンピュータを構成することは難しい．よって，設計者は両者のトレードオフ（trade-off）を考えながらコンピュータの構造仕様を設計する必要がある．

コンピュータの性能や機能・構造仕様といった設計思想をコンピュータアーキテクチャ（computer architecture）という．また，命令の種類や操作データの指定方法などを命令セットアーキテクチャという．コンピュータの機能・構造仕様は，命令セットに集約されているといっても過言ではない．命令の種類，データの指定方法，その他，コンピュータの基本設計に関わる部分は命令セットに集約されている．このことから，狭い意味で，命令セットアーキテクチャをコンピュータアーキテクチャともいう．また，演算装置の機能・構造仕様を演算アーキテクチャ，制御装置のそれを制御アーキテクチャともいう．

◆ 1.5　本書で学ぶ内容

■ 本書の学習目標

本書の学習目標は，あるコンピュータの命令セットを取り上げ，その命令セットのもとで動作するCPUの設計を通して，CPUの基本構造と動作する仕組みを学ぶことにある．

ここでは，一般性に配慮し，実用コンピュータの命令セットを扱うことは避け，基本情報技術者試験で出題される仮想コンピュータCOMET IIの機械語命令群を取り上げた．COMET IIの命令セットは，実用コンピュータの標準的な機械語命令の多くを網羅しており，また，初心者にとって理解しやすい表現形式でもある．

■ 各章のつながり

この章を除き，本書は，次の第2章から第7章までの6章で構成されている．前半の第2〜4章は基礎編，後半の第5〜7章は展開編の位置付けにある．

基礎編の第2章では，2進数を中心とする数体系や，コンピュータ内部の数値・文字の表現方法を解説する．とくに第2章で学ぶ，負数の2進数表現は，第5章のALU設計例に，あるいは，第6章の機械語命令を理解するのに必須である．

第3, 4章では，コンピュータのハードウェアを構成する論理回路について

解説する．論理回路は，電圧値がある一定値以上の状態（H 状態）と，ある一定値以下の状態（L 状態）を扱う電子回路である．第 3 章で，0 と 1 の 2 値を扱う論理代数を学び，第 4 章で論理代数を道具に，与えられた仕様を実現する論理回路を設計する．

展開編の第 5 章では，第 4 章で学んだ論理回路や，第 2 章で学んだ負数の 2 進数表現をもとに，ALU を中心とした演算装置の設計例を解説する．

第 6 章では，COMET II の機械語命令を中心に解説する．ここでは，機械語命令が，どのような形式で組み立てられているのかを学び，命令の実行によって，汎用レジスタやプログラムカウンタなど，CPU 内部の各レジスタがどのように変化するかを学ぶ．

第 7 章では，COMET II の機械語命令で動作する CPU の設計例を解説する．すでに，第 5 章で演算装置の設計例を取り上げているので，この第 7 章では，制御装置設計の解説が中心となる．ここでの設計とは，ブロック図で表現されたモジュールを組み合わせ，所定の命令動作を実現させることをいう．モジュールとは，ある特定の機能を実現するために構成された論理回路の集合である．例えば，メモリも，記憶機能を担うモジュールとして扱っている．

なお，章の始めに，『学習到達目標』を掲げたので，目標の達成度を確認しながら学習されたい．

演習問題

1. インターネットの情報検索機能を利用して，MPU 発展の歴史を調査せよ．

次の章から，詳しく学びます．

第 2 章

情報の表現

コンピュータ内部の情報は，2進符号で表現される．コンピュータの構造や，動作する仕組みを学ぶには2進数・16進数を自在に扱えることが必須である．

▶▶**学習到達目標**◀◀
① 10進数を2進数・16進数に変換できること．
② 負数を2の補数で表現できること．
③ 2進数の四則演算手順を説明できること．
④ コンピュータ内部における数値・文字の表現方法を説明できること．

◆ 2.1　数体系

（1）位取り記数法

われわれは，日常生活の中で10進法を使って個数を数え，その個数を234のように数字を並べて書き記す．234という数は，

$$234 = 2 \times 10^2 + 3 \times 10^1 + 4 \times 10^0$$

のように，隣り合う二つの桁の間に10倍の重みを持たせる位取り記数法によって表されたものである．10進法は，各桁の数字（記号）を0, 1, 2, ……, 9の10種類の数字で表す数体系で，数字の種類10を基数（radix）という．また，10進法で表された数を10進数（decimal number）という．

基数（radix）とは，数を表記するのに用いる数字（記号）の種類の和
例えば，
　10進数：⓪①②③④⑤⑥⑦⑧⑨の10種類 ・・・・ $r=10$
　2進数：⓪①の2種類 ・・・・ $r=2$
　16進数：⓪①・・・・⑨ⒶⒷⒸⒹⒺⒻの16種類 ・・・・ $r=16$

図 2.1　基数とは

10進法から推察すると,整数部が n 桁で,小数部が m 桁の r 進数 $(a_{n-1} a_{n-2} \cdots\cdots a_1 a_0 . a_{-1} \cdots\cdots a_{-m})_r$ は,

$$(a_{n-1} a_{n-2} \cdots\cdots a_1 a_0 . a_{-1} \cdots\cdots a_{-m})_r$$
$$= \underbrace{a_{n-1} r^{n-1} + a_{n-2} r^{n-2} + \cdots\cdots + a_1 r^1 + a_0 r^0}_{\text{整数部}} +$$
$$\underbrace{a_{-1} r^{-1} + \cdots\cdots + a_{-m} r^{-m}}_{\text{小数部}} \qquad (2.1)$$

のように表現される.

以後, r 進数の数値であることを明示するため,添え字 r を用いて(数字列)$_r$ のように記述する.ただし,特別な場合を除いて,10進数に対しては添え字を付さないこととする.

(2) 2進法と16進法

■ 2進法

2進法は,0と1の2種類の数字を用いた,基数 $r=2$ の位取り記数法である.例えば,$(1010.01)_2$ は,

$$(1010.01)_2 = 1 \times 2^3 + 0 \times 2^2 + 1 \times 2^1 + 0 \times 2^0 + 0 \times 2^{-1} + 1 \times 2^{-2}$$

を意味する.

コンピュータで扱うビット (bit) は,0, 1 の2進数字を意味する binary digit を略したものであり,普通は,2進数 (binary number) の1桁のことをいう.

■ 2進数の加算

まず,1桁の加算を取り上げる.10進数では,加算した結果が基数 $r=10$,または,それ以上になると桁上がりするように,2進数でも加算結果が基数 $r=2$ になると桁上がり (carry) が発生する.

```
                         1    桁上がり
     0      1      0      1    ……被加数
  +) 0   +) 0   +) 1   +) 1    ……加数
     0      1      1     10    ……和
```

2桁以上の加算では,各桁ごとに被加数,加数,下位からの桁上がりを加える.加算結果が2,または,3のとき桁上がりが発生する.また,加算結果が2のとき和は0,3のとき和は1となる.

```
       1 1 1       ……桁上がり
       0 1 0 1     ……被加数
    +) 0 1 1 1     ……加数
       1 1 0 0     ……和
```

■ LSB と MSB

2進整数において，最上位桁を MSB (most significant bit)，最下位桁を LSB (least significant bit) という．

■ 16 進法

電子回路で構成されているコンピュータの信号は，電圧（電流）の状態が議論される．この電圧状態を数字の 0, 1 に対応させることで，コンピュータ内部は，2進数で表現される．しかし，コンピュータの進歩とともに，扱われる 2進数の桁数も大きくなり，0 と 1 が羅列した 2 進数を誤りなく読み取ることは難しくなってきた．このため，現在では，表示桁数が 2 進法の 1/4 となる 16 進法が使われている．

16 進法は，"0, 1, 2, ……, 9, A, B, C, D, E, F" の 16 種類の英数字を用いた，基数 $r = 16$ の位取り記数法である．ただし，A～F の文字は，表 2.1 に示すように，10 進数の 10～15 に対応している．例えば，$(1AB.2C)_{16}$ は，

$$(1AB.2C)_{16} = 1 \times 16^2 + 10 \times 16^1 + 11 \times 16^0 + 2 \times 16^{-1} + 12 \times 16^{-2}$$

を意味する．

16 進数 (hexadecimal number) は，2 進数 4 桁を 1 桁で表すことができ，コンピュータエンジニアにとって便利な数体系で，コンピュータに関わる数のほとんどが，この 16 進数で表現されている．

2 進数から 16 進数への変換は，2 進数を下位桁から 4 桁単位で区切り，表 2.1

表 2.1 10 進数 - 2 進数 - 16 進数の対応

10 進数	2 進数	16 進数
0	0000	0
1	0001	1
2	0010	2
3	0011	3
4	0100	4
5	0101	5
6	0110	6
7	0111	7
8	1000	8
9	1001	9
10	1010	A
11	1011	B
12	1100	C
13	1101	D
14	1110	E
15	1111	F

を使って各桁を表現することにより，16進数に置き換えることができる．

例えば，

$$2進数 \cdots\cdots (\underline{1010}\ \underline{0011}\ \underline{1000})_2$$
$$\downarrow\quad\downarrow\quad\downarrow$$
$$16進数 \cdots\cdots (\ \text{A}\quad 3\quad 8\ )_{16}$$

16進数から2進数には，逆の手順で変換できる．

■ **ビットとバイト**

ビットはコンピュータが扱う情報量の最小単位である．8ビットで構成される単位をバイト（byte）という．また，あまり使われることはないが，4ビットで構成される単位をニブル（nibble）という．本書では，bit0, bit1, ……のように，ビット番号を図中に示しているが，bit0はLSBを意味する．

1バイトは，0～255の整数を表現することができる．また，1バイトを2桁の16進数で，さらに，2バイトを4桁の16進数で表現することができ，都合がよい．

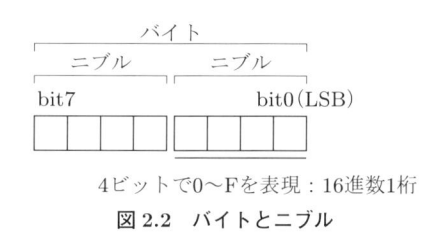

図2.2 バイトとニブル

ビットとバイトの他に，ワード（word）というコンピュータで扱われる情報単位がある．ワードの定義は，CPUによって異なるが，2バイト，または，4, 8バイトがワードの単位として使われることが多い．

（3）基数変換

r進法で表現された数値 $(X)_r$ を，k進法の数値 $(Y)_k$ に変換することを基数変換という．r進数から10進数への変換は，式 (2.1) の右辺を実行すればよい．

例えば，

$$(1010.01)_2 = 1 \times 2^3 + 0 \times 2^2 + 1 \times 2^1 + 0 \times 2^0 + 0 \times 2^{-1} + 1 \times 2^{-2}$$
$$= (10.25)_{10}$$
$$(A38.B)_{16} = 10 \times 16^2 + 3 \times 16^1 + 8 \times 16^0 + 11 \times 16^{-1}$$
$$= (2616.6875)_{10}$$

となる．このように，r 進数から 10 進数，あるいは，2 進数と 16 進数との間は，特別な計算をすることなく暗算程度で変換できる．一方，10 進数から r 進数への変換は若干の計算を必要とする．以下，その変換手順を示す．変換は，整数部と小数部に分けて行う．

① **10 進数から r 進数への変換：整数部**

最初に，整数部の基数変換を考える．式 (2.1) 右辺の整数部を取り上げ，これを 10 進数 X とする．

$$X = a_{n-1}r^{n-1} + a_{n-2}r^{n-2} + \cdots\cdots + a_1 r^1 + a_0 r^0$$
$$= r(a_{n-1}r^{n-2} + a_{n-2}r^{n-3} + \cdots\cdots + a_2 r^1 + a_1) + a_0 \tag{2.2}$$

式 (2.2) は，X を r で割ったとき，商が $a_{n-1}r^{n-2} + a_{n-2}r^{n-3} + \cdots\cdots + a_2 r^1 + a_1$ で，剰余が a_0 であることを示している．さらに，この商を X_1 とし，同じように r で整理すると，

$$X_1 = r(a_{n-1}r^{n-3} + a_{n-2}r^{n-4} + \cdots\cdots + a_3 r^1 + a_2) + a_1 \tag{2.3}$$

となり，X_1 を r で割ったとき，商は $a_{n-1}r^{n-3} + a_{n-2}r^{n-4} + \cdots\cdots + a_3 r^1 + a_2$ で，剰余は a_1 となる．以下，商がなくなるまで同じ手順を繰り返すと $a_0, a_1, \cdots\cdots, a_{n-2}, a_{n-1}$ が得られるので，これらを並べることによって，10 進数から変換された r 進数 $(a_{n-1}a_{n-2}\cdots\cdots a_1 a_0)_r$ を得る．

② **10 進数から r 進数への変換：小数部**

次に，小数部の基数変換を考える．式 (2.1) 右辺の小数部を 10 進数の Y とする．

$$Y = a_{-1}r^{-1} + a_{-2}r^{-2} + a_{-3}r^{-3} + \cdots\cdots + a_{-m}r^{-m} \tag{2.4}$$

両辺を r 倍すると，

$$rY = a_{-1} + a_{-2}r^{-1} + a_{-3}r^{-2} + \cdots\cdots + a_{-m}r^{-m+1} \tag{2.5}$$

となるので，Y を r 倍したときの整数が，小数部 1 桁目の数字 a_{-1} となる．さらに，式 (2.5) 右辺の小数部を Y_1 として，同じように両辺を r 倍すると，

$$rY_1 = a_{-2} + a_{-3}r^{-1} + \cdots\cdots + a_{-m}r^{-m+2} \tag{2.6}$$

となり，整数が小数部 2 桁目の数字 a_{-2} となる．以下，同じ手順を小数部がなくなるまで続けると，r 進数の小数部として $(.a_{-1}\cdots\cdots a_{-m})_r$ を得る．

このような計算手順で得られた整数部と小数部の数字を合わせると，10 進数から r 進数への変換結果 $(a_{n-1}a_{n-2}\cdots\cdots a_1 a_0 . a_{-1}\cdots\cdots a_{-m})_r$ が得られる．

例題 2.1

123.3125 を 2 進数,および 16 進数に変換せよ.

解答 2 進数への変換:

〈整数部〉　　　　　　　　〈小数部〉
　　　　　剰余　　　　　　0.3125
2) 123 …… 1 : a_0　　　　　　× 2
2)　61 …… 1 : a_1　　a_{-1} ← ⓪.625
2)　30 …… 0 : a_2　　　　　　× 2
2)　15 …… 1 : a_3　　a_{-2} ← ①.250
2)　　7 …… 1 : a_4　　　　　　× 2
2)　　3 …… 1 : a_5　　a_{-3} ← ⓪.500
　　　　1 …… 1 : a_6　　　　　　× 2
　　　　　　　　　　　　a_{-4} ← ①.000

（解答）　　$(1111011.0101)_2$

16 進数への変換:

〈整数部〉　　　　　　　　〈小数部〉
　　　　　剰余　　　　　　0.3125
16) 123 …… 11 : a_0　　　　　× 16
　　　　7 ……　7 : a_1　　a_{-1} ← ⑤.000

（解答）　　$(7B.5)_{16}$

◆ 2.2　2 進数の負数表現

2 進法で正/負の符号付き数値を表すのに,次のような表現方法がある.

- 符号付き絶対値表現
- 2 の補数表現
- かさ上げ表現

このうち,2 の補数（twos complement）表現は,①補数（complement）をつくりやすいこと,②MSB で正負を表現できること,③減算を加算で実行できることから,コンピュータ内部の,整数の負数表現に使われている.

表 2.2 は,4 桁の 2 進数を,符号付き絶対値表現,2 の補数表現,かさ上げ表現で表したものである.

最初に,符号付き絶対値表現について述べる.

（1）符号付き絶対値表現

符号付き絶対値表現とは,MSB を符号ビット,それ以下の桁を絶対値とする

2.2 2進数の負数表現

表 2.2 2進数 4 桁の負数表現

10 進数	符号付き絶対値表現	2 の補数表現	かさ上げ表現
7	0111	0111	1111
6	0110	0110	1110
5	0101	0101	1101
4	0100	0100	1100
3	0011	0011	1011
2	0010	0010	1010
1	0001	0001	1001
0	0000	0000	1000
−1	1001	1111	0111
−2	1010	1110	0110
−3	1011	1101	0101
−4	1100	1100	0100
−5	1101	1011	0011
−6	1110	1010	0010
−7	1111	1001	0001
−8	− − − −	1000	0000
表現可能な数範囲 4桁	$-7 \leq\ \leq 7$	$-8 \leq\ \leq 7$	$-8 \leq\ \leq 7$
表現可能な数範囲 n 桁	$-2^{n-1}-1 \leq\ \leq 2^{n-1}-1$	$-2^{n-1} \leq\ \leq 2^{n-1}-1$	$-2^{n-1} \leq\ \leq 2^{n-1}-1$

```
 MSB                              LSB
┌──────┬──────────────────────────┐
│符 号 │                          │
│ビット│         絶対値           │
└──────┴──────────────────────────┘
 1/負  0/正
```

図 2.3 符号付き絶対値表現

表現方法である.

例えば,4 桁の 2 進数で 5,−5 を表現すると,

$$\underset{\underset{正}{\uparrow}}{0}\ \underset{\underset{5}{\uparrow}}{101} \cdots 5 \qquad \underset{\underset{負}{\uparrow}}{1}\ \underset{\underset{5}{\uparrow}}{101} \cdots -5$$

のように,下位の 3 桁で絶対値 5 を表し,正数のときは最上位桁に 0 を,負数では 1 を設定する.

表 2.2 において,符号付き絶対値表現には $(1000)_2$ の数値がみられない.4 桁の 2 進数であるから $16(=2^4)$ 通りの数を表現できるはずである.しかし,

表現される数値範囲は -7 から 7 と，1 だけ少ない．これは，符号付き絶対値表現では，$(0000)_2$ が $+0$ を，$(1000)_2$ が -0 を意味することによる．

符号付き絶対値表現は，理解しやすい表現方法であるが，0 を表すのに 2 通りの表現方法があることや，加減算実行に際して符号に配慮しなければならないことから，あまり使われない．

(2) 2の補数表現

ある数 N の負数（$-N$）を 2 進数で表すのに，2 の補数による方法が使われる．具体的には，N を 2 進数に変換し，その 2 の補数を N の負数（$-N$）とするものである．

■ 補数の定義

補数とは，次のように定義される数のことである．

> r 進法において，$(N)_r$ に足して全体の桁数が 1 つ上がるような最小の数 $(\overline{\overline{N}})_r$ を，r 進法における "$(N)_r$ に対する r の補数" という．一方，$(N)_r$ に足しても桁上がりしない最大の数 $(\overline{N})_r$ を，"$(N)_r$ に対する $(r-1)$ の補数" という．

この定義を，われわれが普段使っている 10 進数を例にして考えてみよう．

【例】 10 進数 $N=56$ の補数を求める．10 進数の補数には，9 の補数と 10 の補数がある．以下，それぞれの補数を求める．

① $10(=r)$ の補数：定義から，$N=56$ に足して全体の桁数が 1 つ上がる最小の数が，56 に対する 10 の補数であるから，

$$\underset{\substack{\uparrow \\ 2桁}}{56} + \underset{\substack{\uparrow \\ 56に足した結果が \\ \underline{3桁の最小値}\ になる}}{\boxed{56 に対する 10 の補数}} = \underset{3桁の最小値}{100}$$

② $9(=r-1)$ の補数：定義から，$N=56$ に足して桁上がりしない最大の数が，56 に対する 9 の補数であるから，

$$\underset{\substack{\uparrow \\ 2桁}}{56} + \underset{\substack{\uparrow \\ 56に足した結果が \\ \underline{2桁の最大値}\ になる}}{\boxed{56 に対する 9 の補数}} = \underset{2桁の最大値}{99}$$

よって，それぞれの ☐ にあてはまる数は，10 の補数 = 100 − 56 = 44, 9 の補数 = 99 − 56 = 43, となる．
次に，2 進法における補数を考える．

■ **2 の補数とその求め方**

補数の定義から，2 進法における，1 の補数 $(\overline{N})_2$，2 の補数 $(\overline{\overline{N}})_2$ は，次式で得られる．

$$1 \text{ の補数}: (\overline{N})_2 = (2^n - 1)_2 - (N)_2 \tag{2.7}$$

$$\begin{aligned}
2 \text{ の補数}: (\overline{\overline{N}})_2 &= (2^n)_2 - (N)_2 \\
&= (2^n - 1)_2 - (N)_2 + (1)_2 \\
&= (\overline{N})_2 + (1)_2
\end{aligned} \tag{2.8}$$

式 (2.7) より，$(N)_2$ に対する 1 の補数は，$(N)_2$ をビット反転させたものである．例えば，$(0101)_2$ に対する 1 の補数は，$n = 4$ 桁であるから，

$$\begin{aligned}
\overline{(0101)}_2 &= (2^4 - 1)_2 - (0101)_2 \\
&= (1111)_2 - (0101)_2 \\
&= (1010)_2
\end{aligned}$$

また，式 (2.8) より，2 の補数は，1 の補数に $(1)_2$ を加算することによって得られる．つまり，2 の補数は，次のような簡単な操作で求めることができる．

$$\boxed{\text{ビット反転 (1 の補数)} + (1)_2}$$

例えば，$(0110)_2$ の，2 の補数を求めてみよう．桁数 $n = 4$ であるから，$(2^n)_2 = (10000)_2$ である．式 (2.8) から，

$$\begin{aligned}
(\overline{\overline{N}})_2 &= (10000)_2 - (0110)_2 \\
&= \{(1111)_2 + (0001)_2\} - (0110)_2 \\
&= \underline{\{(1111)_2 - (0110)_2\}} + (0001)_2 \\
&\quad\quad\quad \downarrow \text{ビット反転} \\
&= (1001)_2 + (0001)_2 \\
&= (1010)_2
\end{aligned}$$

2 の補数を求める際に注意することは，桁数を合わせることである．例えば，8 桁の 2 進数で $(10)_2$ の，2 の補数を求めるには，$(10)_2$ の上位桁に "0" を加えて 8 桁の 2 進数 $(\underline{000000}10)_2$ とし，この 2 進数に対して "ビット反転 + 1" の操作を行う．

― 例題 2.2 ―

10 進数の 3 に対する 2 の補数を求めよ．ただし，4 桁の 2 進数を扱うものとする．

解答 以下の，①→②の手順で求める．
① 10 進数の 3 を 2 進数に変換したのち，上位桁に "0" を加えて 4 桁とする．
$$3 = (11)_2$$
$$= (\underline{00}11)_2$$
② $(0011)_2$ に対して，"ビット反転 +1" の操作を施す．
$$\overline{(0011)}_2 = (1100)_2 + (0001)_2$$
$$= (1101)_2$$

◀■

■ 2 の補数を使った減算

定義から明らかなように，2 進数の減算：$(A)_2 - (B)_2$ は，加算：$(A)_2 + \overline{(B)}_2$ で計算できる．

― 例題 2.3 ―

$7-5$ を，2 の補数を使って，4 桁の 2 進数で計算せよ．

解答 $7-5 = (0111)_2 - (0101)_2$ であるから（4 桁に揃えることに注意せよ），
$$(0111)_2 - (0101)_2 = (0111)_2 + [\underbrace{(1111)_2 - (0101)_2 + (0001)_2}_{(0101)_2 \text{ の，2 の補数}}]$$
$$= (0111)_2 + (1011)_2$$
$$= (1\boxed{0}010)_2 \quad 結果が正 \rightarrow 桁上がり：あり$$
$$桁上がり \leftarrow 無視：4 桁に揃える$$
$$= \underbrace{(0010)_2}_{2}$$

◀■

― 例題 2.4 ―

$4-5$ を，2 の補数を使って，4 桁の 2 進数で計算せよ．

解答 $4-5 = (0100)_2 - (0101)_2$ であるから，
$$(0100)_2 - (0101)_2 = (0100)_2 + (1011)_2$$
$$= \underbrace{(\boxed{1}111)_2}_{-1} \quad 結果が負 \rightarrow 桁上がり：なし$$

◀■

（3） かさ上げ表現

かさ上げ表現は，かさ上げしたい数を加算し，結果を符号なしの 2 進数で表現するものである．後で述べる浮動小数点数の指数部の表現に使われる．

【例】 $-127, 0, 128$ に対する，2 進数 8 桁のかさ上げ表現を考える．かさ上げする数は 127 とする．

- ◆ -127 は，$-127 + (127) = 0 \rightarrow (0000\ 0000)_2$
- ◆ 0 は，$0 + (127) = 127 \rightarrow (0111\ 1111)_2$
- ◆ 128 は，$128 + (127) = 255 \rightarrow (1111\ 1111)_2$

◆2.3　2 進数の乗除算

本節では，2 進整数の乗除算について解説する．ここでは，説明を簡単にするため，負数は扱わないとする．

（1） 2 進数の乗算

1 桁の乗算は，次のように計算される．

$0 \times 0 = 0$
$1 \times 0 = 0$
$0 \times 1 = 0$
$1 \times 1 = 1$

この結果を使えば，2 桁以上の 2 進数に対して，10 進数と同じような手順で乗算を行うことができる．以下の例では，2 進数 4 桁×4 桁の乗算を考える．

例えば，5×7 を 2 進数で計算すると，

```
      0 1 0 1    ……被乗数
  ×)  0 1 1 1    ……乗数
      0 1 0 1
    0 1 0 1
  0 1 0 1
  1 0 0 0 1 1    ……積
```

この計算手順を別の形で表すと，

$$(0101)_2 \times (0111)_2 = (0101)_2 \times \{(0100)_2 + (0010)_2 + (0001)_2\}$$
$$= \underline{(0101)_2 \times (0100)}_2 + \underline{(0101)_2 \times (0010)}_2 + (0101)_2$$

$(0101)_2$ を 2 回左シフト　$(0101)_2$ を 1 回左シフト

$$= (010100)_2 + (01010)_2 + (0101)_2$$
$$= (100011)_2$$

このように，乗算では，乗数の各桁に1が連なったとき，1の個数だけの加算を必要とする．加算される各2進数は，被乗数がシフト操作されたものであり，桁数が大きくなると計算量は増大する．

例えば，$(0101)_2 \times (0111\ 1111)_2$ の乗算を実行するには，次に示すように，相当回数のシフト操作と加算を必要とする．

$$\begin{aligned}(0101)_2 \times (0111\ 1111)_2 &= (0101)_2 \times (0100\ 0000)_2 + (0101)_2 \times (0010\ 0000)_2 \\ &\quad + (0101)_2 \times (0001\ 0000)_2 + (0101)_2 \times (0000\ 1000)_2 \\ &\quad + (0101)_2 \times (0000\ 0100)_2 + (0101)_2 \times (0000\ 0010)_2 \\ &\quad + (0101)_2 \times (0000\ 0001)_2 \\ &= (010\ 0111\ 1011)_2\end{aligned}$$

一方，$(0111\ 1111)_2 = (1000\ 0000)_2 - (0000\ 0001)_2$ であることを利用すると，この乗算は，

$$\begin{aligned}(0101)_2 \times (0111\ 1111)_2 &= (0101)_2 \times (1000\ 0000)_2 - (0101)_2 \times (0000\ 0001)_2 \\ &= (010\ 0111\ 1011)_2\end{aligned}$$

のようにシフト操作と加算回数を大幅に減らすことができる．

以上の考え方を一般化した方法としてブース法がある．

■ ブース法

n 桁の2進数 $(a_{n-1}a_{n-2}\cdots\cdots a_1 a_0)_2$ は，次式で表される．

$$(a_{n-1}a_{n-2}\cdots\cdots a_1 a_0)_2 = a_{n-1}2^{n-1} + a_{n-2}2^{n-2} + \cdots\cdots + a_2 2^2 + a_1 2^1 + a_0 2^0 \tag{2.9}$$

$2^{k-1} = (2-1)2^{k-1} = 2^k - 2^{k-1}$ であることを利用して，式 (2.9) を次のように展開する．

$$\begin{aligned}(a_{n-1}a_{n-2}\cdots\cdots a_1 a_0)_2 &= a_{n-1}(2^n - 2^{n-1}) + a_{n-2}(2^{n-1} - 2^{n-2}) \\ &\quad + a_{n-3}(2^{n-2} - 2^{n-3}) + \cdots\cdots + a_2(2^3 - 2^2) \\ &\quad + a_1(2^2 - 2^1) + a_0(2^1 - 2^0) \\ &= a_{n-1}2^n + (a_{n-2} - a_{n-1})2^{n-1} + (a_{n-3} - a_{n-2})2^{n-2} \\ &\quad + \cdots\cdots + (a_1 - a_2)2^2 + (a_0 - a_1)2^1 + (-a_0)2^0\end{aligned} \tag{2.10}$$

式 (2.10) を書き直すと，

$$\begin{aligned}(a_{n-1}a_{n-2}\cdots\cdots a_1 a_0)_2 &= d_n 2^n + d_{n-1}2^{n-1} + d_{n-2}2^{n-2} \\ &\quad + \cdots\cdots + d_2 2^2 + d_1 2^1 + d_0 2^0\end{aligned} \tag{2.11}$$

ここで，

$$d_k = a_{k-1} - a_k \quad (k = 0, 1, 2, \cdots, n) \tag{2.12}$$

ただし，$a_{-1} = 0$, $a_n = 0$ である．
また，$(a_{n-1} a_{n-2} \cdots\cdots a_1 a_0)_2$ が非負のときは，$a_{n-1} = 0$ であるから，
$$(a_{n-1} a_{n-2} \cdots\cdots a_1 a_0)_2 = d_{n-1} 2^{n-1} + d_{n-2} 2^{n-2} + \cdots\cdots + d_2 2^2 + d_1 2^1 + d_0 2^0 \tag{2.13}$$

例題 2.5

$(0100)_2 \times (01111110)_2$ をブース法で計算せよ．10進数では，$4 \times 126 = 504$ の計算である．

[解答] 正数どうしの乗算なので，乗数を式 (2.13) で表わす．式 (2.12) より d_k は，

k	7	6	5	4	3	2	1	0
d_k	1	0	0	0	0	0	-1	0

よって，
$$(0100)_2 \times (01111110)_2 = (0100)_2 \times 2^7 - (0100)_2 \times 2^1$$
$$= (010\ 0000\ 0000)_2 - (0\ 1000)_2$$
$$= (001\ 1111\ 1000)_2$$

◀■

（2） 2進数の除算

除算では，被除数から除数を何回減算できるかを計算する．減算できる回数が商，減算した残りが剰余となる．

筆算では，10進数と同じような手順で上位桁から減算していく．減算できなければ下位の方に桁移動を行い，下位桁を加えて減算する．減算したあとの部分剰余に対して，再度，減算を行う．このような桁移動と部分剰余からの減算を桁移動が最下位桁に達するまで繰り返す．

```
                     1 0 1 0 0     ……商
   除数… 0 1 1 0 ) 0 1 1 1 1 1 0 1  ……被除数
                   0 1 1 0
      部分剰余…   0 0 0 1 1 1
                     0 1 1 0
                   0 0 0 1 0 1  …剰余
```

除算を減算で実行する，2進数の計算法として，引き戻し法（restoring method）や引き放し法（non-restoring method）がある．両方とも1桁ずつ桁移動させて減算するが，引き戻し法は部分剰余から減算した結果が負のとき，

部分剰余に除数を加える操作（引き戻しという）を施した後に次の桁に移動する．これに対して，引き放し法は除数を引き戻しせずにそのまま次の桁に移動したのち除数を加える．

この二つの方法を，以下の例題で確かめてみよう．なお，除数の減算は，2の補数の加算によって実行する．

■ 引き戻し法の例題

> **例題 2.6**
>
> $23 \div 6$ の除算を，引き戻し法を用い，2進数で計算せよ．簡単のため，被除数は2進数6桁，除数は4桁とする．

[解答] $23 = (010111)_2$，$6 = (0110)_2$ である．また，$(0110)_2$ の2の補数が $(1010)_2$ であることから，減算を加算に置き換えた次の計算で除算結果を得る．

```
          0 1 0 1 1 1
       +) 1 0 1 0              (0110)₂の，2の補数
      負  ①1 1 1              減算結果が負なので"0"を立て，
       +) 0 1 1 0              (0110)₂を引き戻す．
          1 0 1 0 1 1
       +) 1 0 1 0
      正  1 ⓪1 0 1 1           減算結果が正なので"1"を立てる．
         +) 1 0 1 0
      正    1 ⓪1 0 1           減算結果が正なので"1"を立てる．
                剰余
      商：(011)₂      剰余：(101)₂
```

■ 引き放し法の例題

> **例題 2.7**
>
> 同じく，$23 \div 6$ の除算を，引き放し法で計算せよ．

[解答]

```
          0 1 0 1 1 1
       +) 1 0 1 0              (0110)₂の，2の補数
      負  ①1 1 1 1             減算結果が負なので"0"を立て，
       +) 0 1 1 0              (0110)₂を加算する．
      正  1 ⓪1 0 1 1           加算結果が正なので"1"を立てる．
         +) 1 0 1 0
      正    1 ⓪1 0 1           減算結果が正なので"1"を立てる．
                剰余
      商：(011)₂      剰余：(101)₂
```

2.3　2進数の乗除算　**23**

例題 2.8

$27 \div 4$ の除算を，引き放し法で計算せよ．

[解答]

```
            0 1 1 0 1 1
          +) 1 1 0 0       (0100)₂ の，2の補数
    正   1 0 0 1 0 1       減算結果が正なので "1" を立てる．
          +) 1 1 0 0
    正   1 0 0 0 1 1       減算結果が正なので "1" を立てる．
          +) 1 1 0 0
    負       1 1 1 1       減算結果が負なので "0" を立て，
          +) 0 1 0 0       (0100)₂ を加算してから剰余を求める．
             1 0 0 1 1
                 ‾‾‾‾‾
                 剰余
```

商：$(110)_2$　　剰余：$(011)_2$

　例題で示したように，引き放し法では，部分剰余から除数を減算した結果が負になっても除数を引き戻しせずに，そのまま次の桁に移動したのち除数を加える．この手順が，引き戻しを行っているのと同じ結果になることを次に示す．

　簡単のため，$(b_3 b_2 b_1 b_0)_2 \div (d_2 d_1 d_0)_2$ の除算を取り上げ，両者の剰余が等しいことを示す．確認のため，引き戻し法の計算手順を例題のような筆算で表現すると，

```
          b₃ b₂ b₁ b₀
       -) d₂ d₁ d₀
          e₃ e₂ e₁       ……結果が負とする
       +) d₂ d₁ d₀       ……引き戻し
          b₃ b₂ b₁ b₀
       -)    d₂ d₁ d₀    ……桁移動させて減算
          r₃ r₂ r₁ r₀
```

引き戻し結果の剰余 $(r)_2$ は，

$$(r)_2 = (b_3 b_2 b_1 b_0)_2 - (d_2 d_1 d_0)_2 = \sum_{k=0}^{3} b_k 2^k - \sum_{k=0}^{2} d_k 2^k \quad (2.14)$$

となる．さらに，

$$\sum_{k=0}^{2} d_k 2^k = 2 \sum_{k=0}^{2} d_k 2^k - \sum_{k=0}^{2} d_k 2^k$$

の関係から，式（2.14）は次のように展開される．

$$\begin{aligned}(r)_2 &= \left[\left(\sum_{k=1}^{3} b_k 2^k - 2\sum_{k=0}^{2} d_k 2^k\right) + b_0 2^0\right] + \sum_{k=0}^{2} d_k 2^k \\ &= \underbrace{\left[\sum_{k=1}^{3}(b_k - d_{k-1})2^k\right.}_{\text{引き放し}} + \underbrace{\left.b_0 2^0\right.}_{\text{桁移動}} + \underbrace{\sum_{k=0}^{2} d_k 2^k}_{\text{加算}}\end{aligned} \quad (2.15)$$

式 (2.15) は，部分剰余から除数を減算して負になったとき，除数を引き戻して桁移動させて減算しても，"引き放し" にしておいて桁移動させた後に除数を加算しても同じ結果になることを示している．

次に，コンピュータ内部では，数値がどのような形式で表現されるかを述べる．

◆ 2.4 コンピュータ内部の数値表現

数値データは，メモリや補助記憶装置に，定められた表現形式に従って 0,1 のビット列で記憶される．ここでは，表 2.3 に示す数値表現形式について解説する．

表 2.3 コンピュータ内部の数値表現

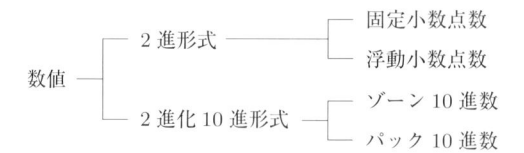

```
                  ┌── 2 進形式 ──────┬── 固定小数点数
                  │                  └── 浮動小数点数
     数値 ────────┤
                  │                  ┌── ゾーン 10 進数
                  └── 2 進化 10 進形式 ─┴── パック 10 進数
```

（1） 固定小数点数

前節までの四則演算で扱った数値は，小数点の位置が最下位桁の右側にあるものとみなした整数に限定してきた．このような形式で表現される数値のことを固定小数点数という．小数点を最上位桁の左側に配置すれば小数点数も表現できるが，一般に，固定小数点数は整数のことをいう．

図 2.4 2 進固定小数点数

（MSB ─ 符号ビット 0：正 1：負 ／ 残り：数値ビット ／ LSB ─ 仮想小数点）

2.4 コンピュータ内部の数値表現

■ 整数の表現範囲

2進数 n 桁の整数 N は，$-2^{n-1} \leq N \leq 2^{n-1}-1$ の範囲にある．例えば，$n=16$ 桁では，$-32768 \leq N \leq 32767$ の範囲の整数を表現できる．四則演算の結果，この範囲を超えたとき，演算結果にオーバーフロー（overflow）が発生したという．

-32768 0   32767
$(=-2^{15})$ $(=2^{15}-1)$

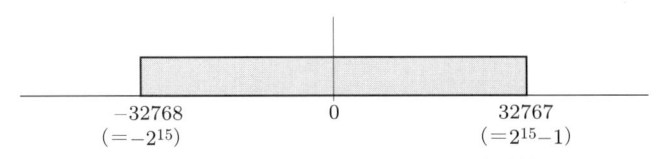

図 2.5 2進数 16 桁の整数が表現できる数値範囲

（2）浮動小数点数

広い範囲の数値を扱う科学技術計算では，0.12345×10^6 のように，指数を用いて実数を表現している．コンピュータ内部でも実数は，指数を用いた浮動小数点形式で表現される．

浮動小数点数は，次のような式で表される．

$$A = ar^m \tag{2.16}$$

ここで，a を仮数，m を指数という．r は基数である．

一般に，仮数 a は，

$$1/r \leq |a| < 1 \qquad (A \neq 0) \tag{2.17}$$

に正規化される．例えば，10進数では $0.1 \leq |a| < 1$ に正規化される．

ただし，$A=0$ のときは $a=0$，$m=0$ である．

正規化後，小数点の右隣には最大桁の数字が配置される．つまり，正規化は，有効数字の桁数を最大にするための操作である．

浮動小数点数の表示形式としては，IEEE 方式と IBM 方式がよく知られている．IEEE 方式は実数を $r=2$，IBM 方式は $r=16$ で表現する方式である．ここでは，IEEE 方式の浮動小数点数を取り上げる．

■ IEEE 方式の浮動小数点

浮動小数点数は，32ビットで数値を表現する単精度と，その倍の 64 ビットで数値を表現する倍精度とがある．単精度では，図 2.6 のようなビットパターンで符号，仮数，指数が設定される．このような形式の浮動小数点数を IEEE 方式で表現された浮動小数点数という．

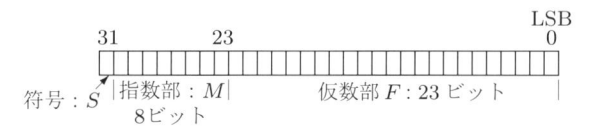

```
      符号：S |指数部：M|    仮数部 F：23 ビット    LSB
              31        23                          0
                      8ビット
```

図 2.6　IEEE 方式の浮動小数点数表現（単精度）

① 正規化

16 進数 $(1A00)_{16}$ は $(0.1A)_{16} \times 16^4$，$(0.001A)_{16}$ は $(0.1A)_{16} \times 16^{-2}$ のように，小数点の右隣が最大桁の数字になるように正規化される．2 進数では，数字が 0 または 1 であるから，$(0.1f_1 f_2 \cdots)_2 \times 2^{-m}$ のように，正規化後の小数点右隣の数字は必ず 1 である．よって，この 1 を除いた $(f_1 f_2 \cdots)_2$ で仮数を表現するなら，有効数字を 1 桁大きくすることができる．

このような考え方で，$r=2$ の IEEE 方式では，

$$A = (1.F)_2 \times 2^m$$

のように，整数部が "1" となるように正規化される．仮数部の 23 ビットには，小数部の $(F)_2$ を設定する．

② 指　数

正規化によって仮数と同時に指数 m も定まる．指数部の M は，m を 10 進数で 127 だけ "かさ上げ" した 2 進整数で表す．なお，127 は 2 進数で $(0111\ 1111)_2$ である．

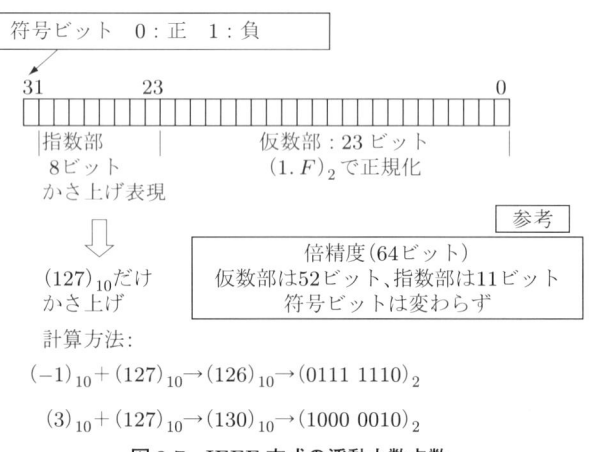

```
符号ビット　0：正　1：負
          ↓
        31        23                          0

        |指数部 |     仮数部：23 ビット        |
         8ビット       $(1.F)_2$ で正規化
         かさ上げ表現
                                    ┌─参考──────────────────┐
         ↓                          │  倍精度（64ビット）        │
      $(127)_{10}$だけ              │ 仮数部は52ビット、指数部は11ビット │
      かさ上げ                       │   符号ビットは変わらず       │
                                    └──────────────────────┘
      計算方法：
        $(-1)_{10} + (127)_{10} \to (126)_{10} \to (0111\ 1110)_2$
        $(3)_{10} + (127)_{10} \to (130)_{10} \to (1000\ 0010)_2$
```

図 2.7　IEEE 方式の浮動小数点数

③ 符 号

数値の符号は，正数のとき最上位桁に 0 を，負数のとき 1 を設定する．

次に，浮動小数点数への変換手順を例題で確認しよう．解答は，10 進数を 2 進数に変換したのち，①正規化 → ②指数計算 → ③符号設定，の順で示す．

例題 2.9

0.375 を浮動小数点数で示せ．

解答 0.375 を 2 進数に変換すると，$(0.011)_2$ となる．
手順①：正規化 $(1.F)_2 \times 2^m$
$(0.011)_2 \rightarrow$ 正規化 $\rightarrow (1.1)_2 \times 2^{-2} \rightarrow F = (10\cdots\cdots 0)_2$；空ビット ← 0
手順②：指数をかさ上げ $m + (127)_{10} \rightarrow$ 2 進数 8 桁
$-2 + 127 \rightarrow 8$ 桁の 2 進数に変換 $\rightarrow M = (0111\ 1101)_2$
手順③：符号設定 $S = 0$
以上をビットパターンで表すと，次の結果を得る．

| 0 | 0111 1101 | 100 0000 0000 0000 0000 0000 |

S：符号 M：指数部 F：仮数部

16 進数で表現すると，$(3EC0\ 0000)_{16}$ である． ◀

例題 2.10

-25 を浮動小数点数で示せ．

解答 25 を 2 進数に変換すると，$(11001)_2$ となる．
手順①：正規化 $(1.F)_2 \times 2^m$
$(11001)_2 \rightarrow$ 正規化 $\rightarrow (1.1001)_2 \times 2^4 \rightarrow F = (10010\cdots\cdots 0)_2$
手順②：指数をかさ上げ $m + (127)_{10} \rightarrow$ 2 進数 8 桁
$4 + 127 \rightarrow 8$ 桁の 2 進数に変換 $\rightarrow M = (1000\ 0011)_2$
手順③：符号設定 $S = 1$
以上をビットパターンで表すと，次の結果を得る．

| 1 | 1000 0011 | 100 1000 0000 0000 0000 0000 |

S：符号 M：指数部 F：仮数部

16 進数で表現すると，$(C1C8\ 0000)_{16}$ である． ◀

次の例題で，仮数部を 23 ビットで打ち切ったときの，丸め誤差を考察してみよう．

例題 2.11

0.1 を浮動小数点数で示せ．

[解答] 0.1 を 2 進数に変換すると，$(0.0001\ 1001\ 1001\ 1001\ 1001\ 1001\ 1001\ 1001\cdots)_2$ の循環小数になるので下位桁を打ち切って正規化する．　　　　　　　　　打ち切り

手順①：正規化　$(1.F)_2 \times 2^m$
　　　　$(0.0001\ 1001\ 1001\ 1001\ 1001\ 1001\ 100)_2 \to$ 正規化 $\to$
　　　　$\to (1.100\ 1100\ 1100\ 1100\ 1100\ 1100)_2 \times 2^{-4}$
　　　　$F = (100\ 1100\ 1100\ 1100\ 1100\ 1100)_2$

手順②：指数をかさ上げ　$m + (127)_{10} \to$ 2 進数 8 桁
　　　　$-4 + 127 \to$ 8 桁の 2 進数に変換 $\to M = (0111\ 1011)_2$

手順③：符号設定　$S = 0$

以上をビットパターンで表すと，次の結果を得る．

0	0111 1011	100 1100 1100 1100 1100 1100
S：符号	M：指数部	F：仮数部

16 進数で表現すると，$(3DCC\ CCCC)_{16}$ である．

ここで，先ほど打ち切った循環小数がどの程度の値なのかを計算する．

$0.1 = (0.0001\ 1001\ 1001\ 1001\ 1001\ 1001\ 100\boxed{1}\ 1001\cdots)_2$
　　　　　　　　　　　　　　　　　　　　　　　　↑
　　　　　　　　　　　　　　　　　　　　　　2^{-28} の桁

打ち切ったビットの並びを観察すると等比級数になっているので，打ち切り誤差 Δ は，

$$\Delta = [\{1/(1-2^{-4})\} + \{2^{-1}/(1-2^{-4})\}]2^{-28}$$
$$\fallingdotseq 6 \times 10^{-9}$$

となる．この例のように，0.1 という単純な 10 進数でも，2 進数に変換したとき循環小数になりやすいので，打ち切り誤差は避けられない．

打ち切り誤差の他にも，大きな数どうしを乗算したときに生ずるオーバーフローや，小さな数どうしを乗算したときに生ずるアンダーフローの問題もある．

（3）ゾーン 10 進数とパック 10 進数

■ ゾーン 10 進数

ゾーン 10 進数は，1 バイトで 1 桁の 10 進数を表す．1 バイトの上位 4 ビットをゾーン部，下位 4 ビットを数値部という．数値部には BCD（binary-coded decimal）コードで数値が設定される．BCD コードは，10 進数の 1 桁を 4 桁の 2 進数で表したもので，2 進化 10 進コードともいう．ゾーン部には

```
|1|1|1|1|0|0|0|1|1|1|1|1|1|0|0|1|1|1|1|1|0|1|1|1|*|*|*|*|0|1|0|1|
```
        1   9   7   5

ゾーン部が (1111)₂ のとき
　　(11110001)₂ は EBCDIC コードで "1"

ゾーン部が (0011)₂ のとき
　　(00110001)₂ は ASCII コードで "1"

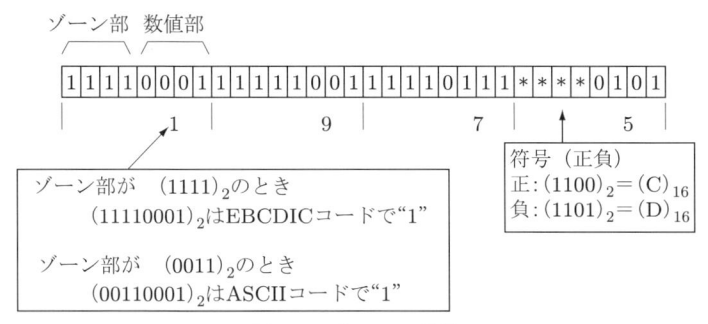

符号（正負）
正：(1100)₂＝(C)₁₆
負：(1101)₂＝(D)₁₆

図 2.8　ゾーン 10 進数

(1111)₂，あるいは，(0011)₂ が割り当てられる．(1111)₂ が割り当てられたとき 1 バイトは EBCDIC コードの数字に，(0011)₂ のときは下位 7 ビットが ASCII コードの数字に一致する．最終バイトのゾーン部には，正負の符号を割り当てる．正の場合は (1100)₂，負の場合は (1101)₂ を設定する．

■ **パック 10 進数**

パック 10 進数は，4 ビットで 1 桁の 10 進数を表現する．ゾーン 10 進数と同じように，数値は BCD コードで設定する．最下位の 4 ビットは正負の符号を示す．

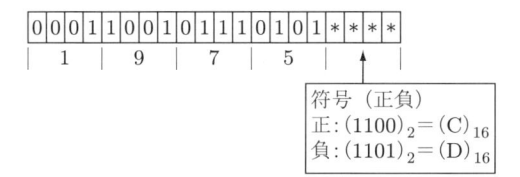

```
|0|0|0|1|1|0|0|1|0|1|1|1|0|1|0|1|*|*|*|*|
```
    1   9   7   5

符号（正負）
正：(1100)₂＝(C)₁₆
負：(1101)₂＝(D)₁₆

図 2.9　パック 10 進数

■ **パックとアンパック**

ゾーン 10 進数は，キーボード入力や印刷出力するのに都合がよい数値表現である．例えば，ゾーン部に (0011)₂ が割り振られたとき，ASCII コードのキーボードを使えば，入力した数字のコードが，そのままゾーン 10 進数の各バイトに設定できる．一方，パック 10 進数は，1 バイトで 2 桁の 10 進数を表現できるので，ゾーン 10 進数をパック 10 進数に圧縮（パックという）して効率的な計算を行うことができる．計算結果の印刷には，パック 10 進数をゾーン 10 進数に戻せばよい（アンパックという）．

◆ 2.5 コンピュータ内部の記号表現

コンピュータは，数値計算のみならず，文書作成，画像表示，インターネットによる通信など，あらゆる目的で利用されている．文書作成するにしても，インターネットで通信するにしても，文字や数字などの記号表現は，コンピュータにとって必須である．そこで，コンピュータ内部では文字などの記号に，例えば，アルファベットの"a"には"0110 0001"のように，定められた桁数の，定められたビットパターンを割り振ることによって，数値以外のデータを表現している．このように，文字や数字などの記号を，ある定められた規則のもとに他の記号に変換することを符号化（コード化）といい，変換された後の記号を符号（code：コード）という．

（1） 数値データのコード化

■ BCDコード

前節で述べたように，10進数の1桁を4桁の2進数で表したものである．

■ グレイコード

表2.4に示すように，グレイコード（gray code）は，隣り合うコードの各ビットを比較したとき，1ビットだけが反転するように作られた，ハミング距離が1のコードである．ハミング距離とは，二つのコードをビット比較したとき，反転関係にあるビットの個数をいう．

表2.4 10進数-2進数-BCDコード-グレイコードの対応表

10進数	2進数	BCDコード	グレイコード
0	0000	0000	0000
1	0001	0001	0001
2	0010	0010	0011
3	0011	0011	0010
4	0100	0100	0110
5	0101	0101	0111
6	0110	0110	0101
7	0111	0111	0100
8	1000	1000	1100
9	1001	1001	1101
10	1010	0001 0000	1111
11	1011	0001 0001	1110
12	1100	0001 0010	1010
13	1101	0001 0011	1011
14	1110	0001 0100	1001
15	1111	0001 0101	1000

（2）文字数字のコード化

文字数字コードには，国際的な取り決めによって定められた標準規格もあるが，漢字とアルファベットとでは字種が異なるように，それぞれの国の実情に応じた標準コードが定められている．日本でも，JIS 規格として標準コードが定められている．

■ ISO コード

ASCII コードをもとに，ISO（International Organization for Standardization：国際標準化機構）で定められた国際規格コードである．

■ ASCII コード

コンピュータ用の英数字コードとしてよく使われている ASCII（American Standard Code for Information Interchange）コードは，ANSI（American National Standards Institute：米国規格協会）で定められた規格で，アルファベットや数字，＊などの特殊記号，LF（改行）などの制御文字に，7 ビットの 2 進数が割り振られている．ASCII コードが定めていない 128 文字分の拡張領域には，国によって異なる文字が割り振られている．日本では，拡張領域にカナ文字などが割り振られた JIS 規格コードが定められている．

■ EBCDIC コード

拡張 2 進化 10 進コード（extended binary-coded decimal interchange code）

表 2.5　ASCII コード

下位4bit	上位 3bit							
	0	1	2	3	4	5	6	7
0	NUL	DLE	SP	0	@	P	`	p
1	SOH	DC1	!	1	A	Q	a	q
2	STX	DC2	"	2	B	R	b	r
3	ETX	DC3	#	3	C	S	c	s
4	EOT	DC4	$	4	D	T	d	t
5	ENQ	NAK	%	5	E	U	e	u
6	ACK	SYN	&	6	F	V	f	v
7	BEL	ETB	'	7	G	W	g	w
8	BS	CAN	(	8	H	X	h	x
9	HT	EM	)	9	I	Y	i	y
A	LF	SUB	*	:	J	Z	j	z
B	VT	ESC	+	;	K	[	k	{
C	FF	FS	,	<	L	\	l	|
D	CR	GS	-	=	M	]	m	}
E	SO	RS	.	>	N	^	n	~
F	SI	US	/	?	O	_	o	DEL

ともいわれ，IBMで作られた1バイトのコードである．

◆ 2.6 パリティ検査

コンピュータとの通信において，情報は電気信号で送られる．電気信号にノイズが重畳することは避けられない．ノイズが重畳すると，別の情報に置き換わることになり，元の情報を正しく伝送できない．このため，伝送誤り検査や誤り訂正を目的に，文字コードに冗長符号を加えて，情報が伝送される．

ここでは，ASCIIコードの伝送を例にして，代表的な冗長符号であるパリティビットを使った誤り検査方法について解説する．

■ 垂直パリティ

図2.10は，文字"A"と"1"のASCIIコードに，垂直パリティビットを付加した例である．パリティビットの設定方式には，コードの中の，1の数が偶数となるように設定する偶数パリティ方式と，奇数となるように設定する奇数パリティ方式がある．

偶数パリティ方式（奇数パリティ方式）では，伝送コードの，1の数が偶数（奇数）となるようにパリティビットが付加されて送信される．したがって，受信コードの中から，1の個数を数え，その総和が偶数か奇数かを判断することによって誤りの有無を検出できる．

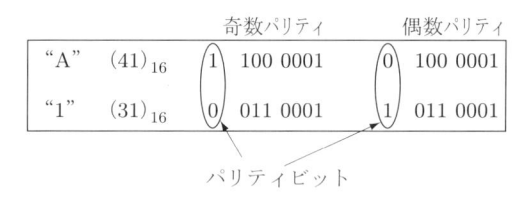

		奇数パリティ		偶数パリティ	
"A"	$(41)_{16}$	1	100 0001	0	100 0001
"1"	$(31)_{16}$	0	011 0001	1	011 0001

パリティビット

以下，図では，偶数パリティを考える（奇数も同じ考え方）

"A"	$(41)_{16}$	0	100 1001
"1"	$(31)_{16}$	1	011 1101

○1ビットに誤り発生
　誤り発生は検出できるが
　誤りビットは特定できない

●2ビットに誤り発生
　誤り発生を検出できない

図2.10　垂直パリティ

■ 水平垂直パリティ

垂直パリティだけでは，伝送誤りが発生したことを検出できても，どのビットが誤りなのかは特定できない．また，1文字に2ビット以上の誤りが

垂直パリティビット

```
"A"  (41)₁₆  0 | 100 0001
"1"  (31)₁₆  1 | 011 0001     ブロック
"2"  (32)₁₆  1 | 011 0010      単位
"3"  (33)₁₆  0 | 011 0011
              X | 111 0001
```

X：任意　　水平パリティビット

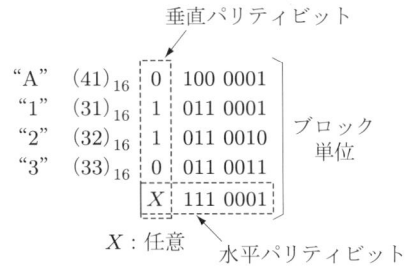

図 2.11　水平垂直パリティ

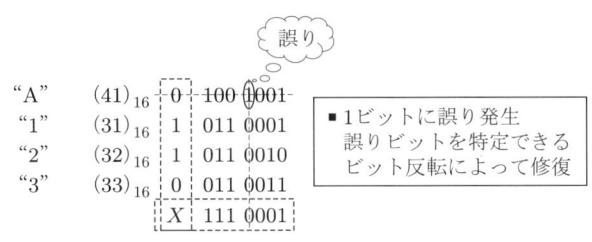

```
         誤り
"A"  (41)₁₆  0 | 100 0001     ■1ビットに誤り発生
"1"  (31)₁₆  1 | 011 0001      誤りビットを特定できる
"2"  (32)₁₆  1 | 011 0010      ビット反転によって修復
"3"  (33)₁₆  0 | 011 0011
              X | 111 0001
```

図 2.12　水平垂直パリティによる1ビットの誤り修復

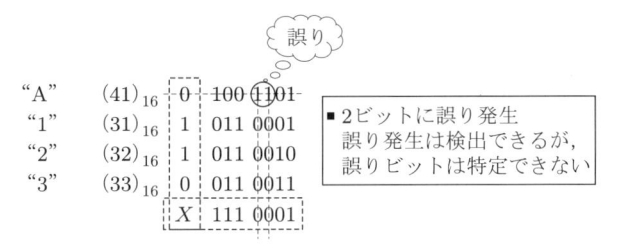

```
         誤り
"A"  (41)₁₆  0 | 100 0001     ■2ビットに誤り発生
"1"  (31)₁₆  1 | 011 0001      誤り発生は検出できるが，
"2"  (32)₁₆  1 | 011 0010      誤りビットは特定できない
"3"  (33)₁₆  0 | 011 0011
              X | 111 0001
```

図 2.13　水平垂直パリティによる2ビットの誤り検査

発生した場合，その誤り発生も検出できない．これに対して，図 2.11 で例示されるように，水平パリティを加えれば，1ビットの誤りを特定でき，かつ，修復することもできる．しかし，1文字に2ビット発生する誤りは修復できない．

◆ 2.7　時間・周波数の単位と接頭語

パルス波形が周期 T で繰り返される図 2.14 の信号をクロックパルス，略してクロックともいう．クロックは，CPU の動作を制御する重要な役割を担っており，その特性は，クロック周波数で表される．時間や周波数の単位は，SI

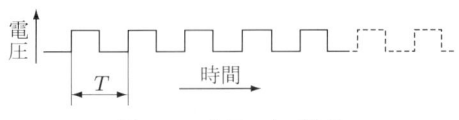

図 2.14 クロックパルス

表 2.6 接頭語と倍数

倍　　数	名　　称	接頭語記号
10^{18}	エ　ク　サ (exa)	E
10^{15}	ペ　　　タ (peta)	P
10^{12}	テ　　　ラ (tera)	T
10^{9}	ギ　　　ガ (giga)	G
10^{6}	メ　　　ガ (mega)	M
10^{3}	キ　　　ロ (kilo)	k, K (記憶容量)
10^{-3}	ミ　　　リ (milli)	m
10^{-6}	マ　イ　ク　ロ (micro)	μ
10^{-9}	ナ　　　ノ (nano)	n
10^{-12}	ピ　　　コ (pico)	p
10^{-15}	フ　ェ　ム　ト (femto)	f

単位（International System of Units）という国際単位系で標準化されている．時間は単位名が秒，記号が［s］と定められている．また，周波数は，単位名がヘルツ，記号が［Hz］と定められている．

コンピュータでは，KB（キロバイト）や GB（ギガバイト）といった，接頭語という"K"や"G"を含む記憶容量の単位がよく使われている．μs（マイクロ秒）や ns（ナノ秒）といった"μ"や"n"を含む速度の単位もよく使われている．

章の最後にあたって，記憶容量と速度の接頭語と倍数を表 2.6 に示す．これらは，記憶容量の表現で使われる K を除いて，いずれも SI 単位系の接頭語に準じている．

なお，SI 接頭語では，倍数 10^3 の接頭語は小文字の k である．

── 例題 2.12 ──

ある CPU のクロック周期が $T = 0.25$［ns］のとき，このクロックの周波数 f を GHz 単位で答えよ．

解答　$f = 1/T$ であるから，$f = 1/(0.25 \times 10^{-9}) = 4 \times 10^9 = 4$［GHz］である．

▶▶まとめ＆展開◀◀

　本章では，①基数変換の手順，②2の補数による負数の表現方法，③2進数の乗除算手順，④コンピュータ内部における数値・文字の表現方法について解説した．

　2進（16進）符号表現は，第6章で解説する機械語命令の表現など，コンピュータのハードウェア，ソフトウェアを理解するのに不可欠である．また，2の補数表現は，5章の算術論理演算ユニットの設計や，第6章の演算命令を学ぶのに必須となるので，次の演習問題で理解度を確認されたい．

演習問題

1. 次の10進数を2進数に変換せよ．
    (1) 15　　(2) 533　　(3) 1024　　(4) 2048　　(5) 0.5
    (6) 0.25　(7) 0.125　(8) 0.0625　(9) 1.75
2. 次の10進数を16進数に変換せよ．
    (1) 1986.25　　(2) 170.625　　(3) 44.65625
3. 次の負数を2の補数で表せ．桁数は8桁とする．
    (1) -21　　(2) -32
4. 次の除算を引き放し法で計算せよ．
    (1) $15 \div 4$　　(2) $76 \div 5$
5. 次の数を単精度の浮動小数点数（IEEE方式）で表せ．解答は16進数で示せ．
    (1) 27　　(2) 0.375　　(3) -6.5　　(4) 170.625　　(5) -170.625
6. ASCIIコードで送られてきた，次のコードをアルファベットに直せ．
    1000011　　1010000　　1010101
7. 偶数パリティ方式で送られてきた次のASCIIコードは，正しく送られてきたものか確認せよ．
    (1)「11000011」　　(2)「01010000」　　(3)「11010101」

私は，いつも2進数で計算しています……

第 3 章

論理関数

コンピュータの心臓部である CPU は論理回路で構成されている．コンピュータが動作する仕組みを学ぶには，論理回路の設計や解析の理論的なツールとなっている論理代数を理解することが必要である．

▶▶学習到達目標◀◀
① 論理代数の公理・定理を用いて論理関数を簡単化できること．
② 真理値表から論理関数を主加法標準形と主乗法標準形に展開できること．
③ カルノー図表を用いて論理関数を簡単化できること．

◆ 3.1 論理回路と論理代数

コンピュータの主要な要素は論理回路が占めている．論理回路は，信号電圧がある値よりも高い H (high) 状態と，ある値よりも低い L (low) 状態の，二つの状態を扱う電子回路である．信号電圧が H 状態（または L 状態）に意味があるとして H 状態（L 状態）を"信号あり"，L 状態（H 状態）を"信号なし"

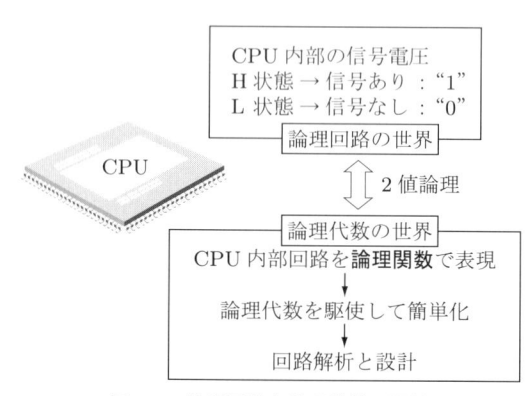

```
         CPU 内部の信号電圧
         H 状態 → 信号あり："1"
         L 状態 → 信号なし："0"
         論理回路の世界
CPU      ⇅ 2 値論理
         論理代数の世界
         CPU 内部回路を論理関数で表現
              ↓
         論理代数を駆使して簡単化
              ↓
         回路解析と設計
```

図 3.1　論理回路と論理代数の関係

とする論理で，論理回路を表現することもできる．

　一方，論理代数は，"真 (true)" と "偽 (false)" の論理を扱う代数である．今まで学んできた代数と同様に，論理代数においても，変数 $A, B, C, \cdots$，関数 $f(A, B, C \cdots)$ を定義することができる．これを論理変数，論理関数という．論理変数の値は，論理値といい，0 と 1 の 2 値である．論理値の 0, 1 は，真（論理値 : 1）と偽（論理値 : 0）を表す数字記号であって，大小関係を表現する数値ではない．なお，論理値 0, 1 は真理値（truth value）ともいう．

　論理関数は，論理変数を論理積，論理和，論理否定とよばれる基本論理演算で結合した論理演算式で表され，論理変数と同様，その値は 0 または 1 の論理値である．論理回路の信号状態 H, L を，論理値の 1, 0 に対応させるなら，論理回路の入出力信号は論理変数で置き換えることができる．よって，論理回路の入出力関係を論理関数で表現できる．

　図 3.2 をもとに，これまでの抽象的な解説を補足しよう．図 3.2 (a) は，スイッチ A, B, C のうち，二つ以上がオフのとき発光ダイオード（LED）を点灯させる回路を想定したものである．スイッチをオフにすると信号 A, B, C は H 状態，オンで L 状態になる．LED は，信号 Y が H 状態で点灯，L 状態で消灯する．信号 A, B, C の組み合わせは，$8 (= 2^3)$ 通りとなる．LED の点灯条件から，信号 A, B, C のうち二つ以上が H 状態のとき信号 Y は H 状態，それ以外は L 状態になるので，図 3.2 (b) の入出力関係を得る．ここで，H 状態を真に選ぶと，つまり，H 状態を論理値 1, L 状態を論理値 0 に選ぶと，図 3.2 (b) に対応する図 3.2 (c) の表が得られる．図 3.2 (c) において，Y の論理値は，A, B, C のうち二つ以上の論理値が 1 のとき 1，それ以外は 0 という論理関係から得られる．この論理関係を，A, B, C を論理変数とする論理関数 $f(A, B, C)$ で表現したとき，$Y = f(A, B, C)$ となる．

■ 真理値表

　図 3.2 (c) の表を真理値表（truth table）という．真理値表は，論理変数が取り得るすべての値と，論理関数の値との関係を表す．なお，論理変数の値の組み合わせは，n 変数のとき 2^n 通りである．

　論理回路は，論理関数によって表現できるので，論理関数を簡単化することによって効率的な回路を設計することができる．以下，本章では，真理値表から論理関数を求め，その論理関数を簡単化する手法を学ぶ．

　以後，簡単のため，論理値という表現は明示せず，単に 0, 1 と記す．

38 第3章　論理関数

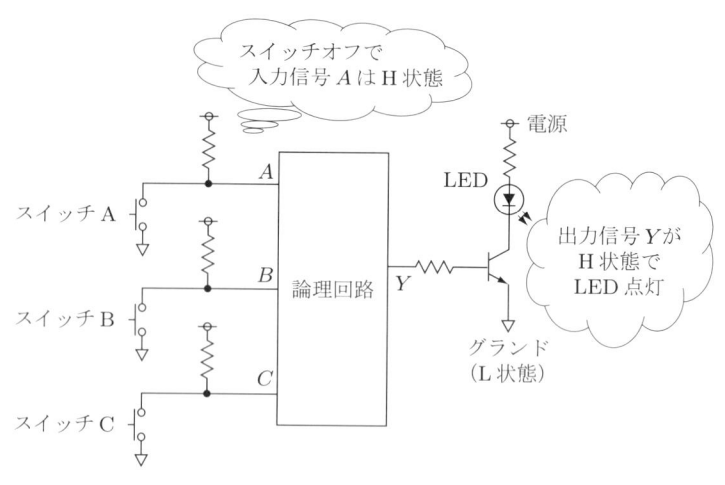

スイッチオフで入力信号 A は H 状態

(a) スイッチ2個以上オフで LED を点灯する論理回路

A	B	C	Y
L	L	L	L
L	L	H	L
L	H	L	L
L	H	H	H
H	L	L	L
H	L	H	H
H	H	L	H
H	H	H	H

H 状態 ←→ 論理値 1
L 状態 ←→ 論理値 0

A	B	C	$Y=f(A,B,C)$
0	0	0	0
0	0	1	0
0	1	0	0
0	1	1	1
1	0	0	0
1	0	1	1
1	1	0	1
1	1	1	1

(b) 入出力信号の電圧状態　　　　　　　(c) 真理値表

図 3.2　論理回路と論理代数の対応例

◆ 3.2　基本論理演算

(1) 論理和

論理変数を A, B としたとき，次のような値になる演算を論理和，または，OR 論理という．

①　A, B のいずれか，または，両方が 1 のとき，$f(A, B) = 1$
②　A, B ともに 0 のとき，$f(A, B) = 0$

論理和は，論理演算子 "+" を用いて，次のように表される．

$$f(A, B) = A + B \tag{3.1}$$

A と B に 0 と 1 を割り当てると，$4 (= 2^2)$ 通りの組み合わせができる．この A と B の論理値の組み合わせに対して，①，②から $f(A, B)$ の値を求め，整理すると表 3.1 の真理値表を得る．

表 3.1　論理和の真理値表

A	B	$f(A, B)$
0	0	0
0	1	1
1	0	1
1	1	1

（2）論理積

論理変数を A, B としたとき，次のような値になる演算を論理積，または，AND 論理という．

① A, B 両方が 1 のとき，$f(A, B) = 1$

② A, B のいずれか，または，両方が 0 のとき，$f(A, B) = 0$

論理積は，論理演算子 "・" を用いて，次の式 (3.2) で表される．真理値表は表 3.2 のとおりである．

$$f(A, B) = A \cdot B \tag{3.2}$$

表 3.2　論理積の真理値表

A	B	$f(A, B)$
0	0	0
0	1	0
1	0	0
1	1	1

（3）論理否定

論理変数 A に対して，次のような値になる演算を論理否定，または，NOT 論理という．

① $A = 0$ のとき，$f(A) = 1$

② $A = 1$ のとき，$f(A) = 0$

論理否定は，演算子 "￣" を用いて，次のように表される．

$$f(A) = \overline{A} \tag{3.3}$$

表 3.3　論理否定の真理値表

A	$f(A)$
0	1
1	0

■ 一般の論理関数と真理値表

これまでは，2変数を基本論理演算子で結合した論理関数について述べてきた．一般の論理関数は，2変数に限らず，3変数以上のこともある．また，項の数も3項以上で，括弧でくくられることもある．

なお，論理積演算子"・"は，省略されることが多い．また，論理関数 $f(A, B, C)$ も変数を省略して，単に f と記述されることが多い．以後，強調したい場合を除き，論理積演算子"・"は省略する．

次の例題で，論理関数から真理値表を求めてみよう．

例題 3.1

$f = \overline{A}\,\overline{C}(B+\overline{C}) + BC$ の真理値表を作成せよ．

[解答] 解答は表3.4のとおりである．

表3.4 $f = \overline{A}\,\overline{C}(B+\overline{C}) + BC$ の真理値表

A	B	C	$\overline{A}$	$\overline{C}$	$(B+\overline{C})$	$\overline{A}\,\overline{C}(B+\overline{C})$	BC	f
0	0	0	1	1	1	1	0	1
0	0	1	1	0	0	0	0	0
0	1	0	1	1	1	1	0	1
0	1	1	1	0	1	0	1	1
1	0	0	0	1	1	0	0	0
1	0	1	0	0	0	0	0	0
1	1	0	0	1	1	0	0	0
1	1	1	0	0	1	0	1	1

表3.4の作成手順を簡単に説明する．先ず，A, B, C の値に対して，$(A, B, C) = (0,0,0) \sim (1,1,1)$ までの，8通りの組み合わせを表に記入する．次に，論理関数の値を求めやすくするため，各項の値を同じ表に記入する．例えば，表3.4では，論理積 $\overline{A}\,\overline{C}(B+\overline{C})$ の値を求めるため，$\overline{A}, \overline{C}, (B+\overline{C})$ の各論理演算を行い，それぞれの値を記入している．これら3項がすべて1のとき，$\overline{A}\,\overline{C}(B+\overline{C})$ の値が1となるので，表の各行を見比べるだけで論理積 $\overline{A}\,\overline{C}(B+\overline{C})$ の値が得られる．同様に，論理積 BC の値も表に記入する．最後に，$\overline{A}\,\overline{C}(B+\overline{C})$ と BC の論理和を求めることによって論理関数 f の値を得る．

◆ 3.3 論理代数の公理・定理

（1） 論理代数の公理

論理代数の公理を，表3.5に示す．

表 3.5 論理代数の公理

基本公理	① $1 + A = 1$	①′ $0 \cdot A = 0$
単位元則	② $0 + A = A$	②′ $1 \cdot A = A$
巾　等　則	③ $A + A = A$	③′ $A \cdot A = A$
交　換　則	④ $A + B = B + A$	④′ $A \cdot B = B \cdot A$
結　合　則	⑤ $A + (B + C) = (A + B) + C$	⑤′ $A \cdot (B \cdot C) = (A \cdot B) \cdot C$
吸　収　則	⑥ $A + A \cdot B = A$	⑥′ $A \cdot (A + B) = A$
補　元　則	⑦ $A + \overline{A} = 1$	⑦′ $A \cdot \overline{A} = 0$
分　配　則	⑧ $A \cdot (B + C) = A \cdot B + A \cdot C$	⑧′ $A + B \cdot C = (A + B) \cdot (A + C)$
二重否定	⑨ $\overline{\overline{A}} = A$	

■ 双対性

表 3.5 で，①〜⑧と①′〜⑧′を比較すると，

『$+$』⟷『$\cdot$』　　『1』⟷『0』

のように置き換わっている．つまり，それぞれ二つの式は対になっており，両者の双対性が確認される．

(2) 論理代数の主な定理

論理関数を展開するとき，よく使われるのが次のド・モルガンの定理である．式 (3.4) と式 (3.5) の論理演算子を比較すると，表 3.5 の公理と同じように，この二つの式も，双対関係にあることが確認できる．

$$\overline{A + B} = \overline{A} \cdot \overline{B} \tag{3.4}$$

$$\overline{A \cdot B} = \overline{A} + \overline{B} \tag{3.5}$$

■ 真理値表によるド・モルガンの定理の証明

一般に，定理は公理を使って証明されるが，論理代数では真理値表の比較によって証明することもできる．

ここでは，ド・モルガンの定理を真理値表比較によって証明してみよう．表 3.6 は，式 (3.4) の左辺と右辺の真理値表である．同じく，表 3.7 は，式 (3.5) の真理値表である．表は，各式の左辺と右辺の真理値表が等しいことを示して

表 3.6 ド・モルガンの定理：$\overline{A + B} = \overline{A} \cdot \overline{B}$ の真理値表

A	B	$A + B$	左辺：$\overline{A + B}$	$\overline{A}$	$\overline{B}$	右辺：$\overline{A} \cdot \overline{B}$
0	0	0	1	1	1	1
0	1	1	0	1	0	0
1	0	1	0	0	1	0
1	1	1	0	0	0	0

表 3.7 ド・モルガンの定理：$\overline{A \cdot B} = \overline{A} + \overline{B}$ の真理値表

A	B	$A \cdot B$	左辺：$\overline{A \cdot B}$	$\overline{A}$	$\overline{B}$	右辺：$\overline{A} + \overline{B}$
0	0	0	1	1	1	1
0	1	0	1	1	0	1
1	0	0	1	0	1	1
1	1	1	0	0	0	0

おり，ド・モルガンの定理が証明される．

■ **代入法による式 (3.5) の証明**

公理や真理値表を使うほかに，論理変数に 0, 1 の値を代入して両辺が一致することを示す代入法によっても定理や公式は証明される．式 (3.5) を例にするなら，$A, B = 0, 1$ それぞれを式 (3.5) に代入したとき，両辺が等しいことを示せばよい．

$A = 0$ を代入すると，左辺 $= \overline{0 \cdot B} = 1$，右辺 $= \overline{0} + \overline{B} = 1$ となり，$B = 0, 1$ に対して両辺は等しい．

$A = 1$ を代入すると，左辺 $= \overline{1 \cdot B} = \overline{B}$，右辺 $= \overline{1} + \overline{B} = \overline{B}$ となり，同じく $B = 0, 1$ に対して両辺は等しい．

以上から，式 (3.5) の成り立つことが証明される．

代入法は，次節で，主加法標準形と主乗法標準形の一般式が成り立つことの証明に用いることができる．

（3） その他の定理

このほかに，次のような定理も論理関数の簡単化で，よく使われる．

$$A + \overline{A}B = A + B \tag{3.6}$$

$$A(\overline{A} + B) = AB \tag{3.7}$$

■ **式 (3.6) の証明**

公理⑧′の分配則で，$B = \overline{A}$，$C = B$ に置き換えると，

$$A + BC = (A + B)(A + C)$$
$$\uparrow\uparrow \uparrow \uparrow$$
$$\overline{A}B \overline{A} B$$

$$A + \overline{A}B = (A + \overline{A})(A + B) \qquad 公理⑦：A + \overline{A} = 1$$
$$\phantom{A + \overline{A}B} = A + B$$

■ **式 (3.7) の証明**

$$A(\overline{A} + B) = A\overline{A} + AB \qquad 公理⑦′：A\overline{A} = 0$$
$$\phantom{A(\overline{A} + B)} = AB$$

◆ 3.4 公理・定理を用いた論理関数の簡単化

公理を用いた論理関数の簡単化でよく使われるテクニックの例を紹介する．式の右側は，上段からの式展開で用いた公理である．

【例】 公理① $1+A=1$ ②′ $1 \cdot A = A$ ⑦ $A+\overline{A}=1$ ⑧ $A(B+C)=AB+AC$ を用いた例

$$\begin{aligned}
f &= AC + A\overline{B} + \overline{B}\,\overline{C} \\
&= AC + A\overline{B} \cdot 1 + \overline{B}\,\overline{C} & &\cdots\cdots 公理②′ \\
&= AC + A\overline{B} \cdot (C+\overline{C}) + \overline{B}\,\overline{C} & &\cdots\cdots 公理⑦ \\
&= AC + A\overline{B}C + A\overline{B}\,\overline{C} + \overline{B}\,\overline{C} & &\cdots\cdots 公理⑧ \\
&= AC(1+\overline{B}) + \overline{B}\,\overline{C}(A+1) & &\cdots\cdots 公理⑧ \\
&= AC + \overline{B}\,\overline{C} & &\cdots\cdots 公理①
\end{aligned}$$

【例】 公理③ $A+A=A$ を用いた例

$$\begin{aligned}
f &= A\overline{B}\,\overline{C} + \overline{A}\,\overline{B}\,\overline{C} + A\overline{B}C \\
&= A\overline{B}\,\overline{C} + \overline{A}\,\overline{B}\,\overline{C} + A\overline{B}C + A\overline{B}\,\overline{C} & &\cdots\cdots 公理③（巾等則：べきとうそく）\\
&= (A+\overline{A})\overline{B}\,\overline{C} + A\overline{B}(C+\overline{C}) & &\cdots\cdots 公理⑧ \\
&= A\overline{B} + \overline{B}\,\overline{C} & &\cdots\cdots 公理⑦
\end{aligned}$$

【例】 ド・モルガンの定理を使った例

$$\begin{aligned}
f &= \overline{\overline{AB} + \overline{AC}} \\
&= (\overline{\overline{AB}}) \cdot (\overline{\overline{AC}}) & &\cdots\cdots ド・モルガンの定理：式(3.4) \\
&= AB(\overline{\overline{A}} + \overline{\overline{C}}) & &\cdots\cdots ド・モルガンの定理：式(3.5) \\
&= AB(A+\overline{C}) & &\cdots\cdots 公理⑨ \\
&= ABA + AB\overline{C} & &\cdots\cdots 公理⑧ \\
&= AB + AB\overline{C} & &\cdots\cdots 公理③′ \\
&= AB(1+\overline{C}) & &\cdots\cdots 公理⑧ \\
&= AB & &\cdots\cdots 公理①
\end{aligned}$$

◆ 3.5 主加法標準形と主乗法標準形

ここでは，真理値表から主加法標準形，主乗法標準形という論理関数を求める手順を述べる．

（1） 加法標準形と乗法標準形

論理式が，論理変数 $A, B, C, \cdots\cdots$ とその否定 $\overline{A}, \overline{B}, \overline{C}, \cdots\cdots$ の，論理積の論理和で表された論理関数を加法標準形，論理和の論理積で表された論理関数を

乗法標準形という．例えば，3 変数関数では，

$$加法標準形：f = AB + A\overline{B}C + B\overline{C} \tag{3.8}$$
$$乗法標準形：f = (A + B)(A + \overline{B} + C)(B + \overline{C}) \tag{3.9}$$

のように表現される．

　一方，加法標準形と乗法標準形において，論理積項，および，論理和項が，すべての論理変数（否定を含む）から成るような論理関数を，それぞれ，主加法標準形，主乗法標準形という．3 変数関数の主加法標準形と主乗法標準形の例は，以下のとおりである．

$$主加法標準形：f = ABC + A\overline{B}C + AB\overline{C} \tag{3.10}$$
$$主乗法標準形：f = (A + B + C)(A + \overline{B} + C)(A + B + \overline{C}) \tag{3.11}$$

（2）　主加法標準形

どのような 2 変数関数 $f(A, B)$ も主加法標準形，

$$f(A, B) = f(0, 0) \cdot \overline{A}\,\overline{B} + f(0, 1) \cdot \overline{A}B + f(1, 0) \cdot A\overline{B} + f(1, 1) \cdot AB \tag{3.12}$$

で表すことができる．この式が成り立つことは，"A, B に 0 と 1 を代入して右辺と左辺が等しいことを証明"する代入法から明らかである．

　ここで，式（3.12）における，論理積 $AB, A\overline{B}, \overline{A}B, \overline{A}\,\overline{B}$ を最小項という．

　3 変数関数 $f(A, B, C)$ も同じように，最小項 $ABC, AB\overline{C}, A\overline{B}C, A\overline{B}\,\overline{C}, \overline{A}BC, \overline{A}B\overline{C}, \overline{A}\,\overline{B}C, \overline{A}\,\overline{B}\,\overline{C}$ によって

$$\begin{aligned}f(A, B, C) = &\; f(0, 0, 0) \cdot \overline{A}\,\overline{B}\,\overline{C} + f(0, 0, 1) \cdot \overline{A}\,\overline{B}C + f(0, 1, 0) \cdot \overline{A}B\overline{C} \\ &+ f(0, 1, 1) \cdot \overline{A}BC + f(1, 0, 0) \cdot A\overline{B}\,\overline{C} + f(1, 0, 1) \cdot A\overline{B}C \\ &+ f(1, 1, 0) \cdot AB\overline{C} + f(1, 1, 1) \cdot ABC \end{aligned} \tag{3.13}$$

で表される．

　次に，例題を解きながら，主加法標準形の求め方を考えてみよう．例題では，与えられた論理関数から真理値表を作成し，得られた真理値表から主加法標準形を求める．

例題 3.2

$f_1 = \overline{A}\,\overline{C}(B + \overline{C}) + BC$ の主加法標準形を求めよ．

[解答]　与えられた論理式は，例題 3.1 と同じである．すでに，論理関数 f_1 の真理値表は，表 3.4 で与えられている．ここでは，表 3.4 に最小項を追加した，表 3.8

3.5 主加法標準形と主乗法標準形　45

表 3.8　$f_1 = \overline{A}\,\overline{C}(B+\overline{C}) + BC$ の真理値と最小項

A	B	C	f_1	最小項
0	0	0	1	$\overline{A}\,\overline{B}\,\overline{C}$
0	0	1	0	$\overline{A}\,\overline{B}\,C$
0	1	0	1	$\overline{A}\,B\,\overline{C}$
0	1	1	1	$\overline{A}\,B\,C$
1	0	0	0	$A\,\overline{B}\,\overline{C}$
1	0	1	0	$A\,\overline{B}\,C$
1	1	0	0	$A\,B\,\overline{C}$
1	1	1	1	$A\,B\,C$

の真理値表から主加法標準形を求める．

式 (3.13) の右辺において，$f_1 = 0$ の論理積項は 0 となるので，主加法標準形は，$f_1 = 1$ に対応する最小項の論理和となる．よって，

　　　主加法標準形：$f = \overline{A}\,\overline{B}\,\overline{C} + \overline{A}\,B\,\overline{C} + \overline{A}\,B\,C + A\,B\,C$

を得る．

── 例題 3.3 ──

$f_2 = \overline{A}\,C + BC$ の主加法標準形を求めよ．

[解答]　先ず，f_2 の真理値表を作成し，それに最小項を追加する．例題 3.2 と同じ考え方で，表 3.9 の真理値表から

　　　主加法標準形：$f = \overline{A}\,\overline{B}\,\overline{C} + \overline{A}\,B\,\overline{C} + \overline{A}\,B\,C + A\,B\,C$

を得る．

表 3.9　$f_2 = \overline{A}\,C + BC$ の真理値表と最小項

A	B	C	$\overline{A}$	$\overline{C}$	$\overline{A}\,C$	BC	f_2	最小項
0	0	0	1	1	1	0	1	$\overline{A}\,\overline{B}\,\overline{C}$
0	0	1	1	0	0	0	0	$\overline{A}\,\overline{B}\,C$
0	1	0	1	1	1	0	1	$\overline{A}\,B\,\overline{C}$
0	1	1	1	0	0	1	1	$\overline{A}\,B\,C$
1	0	0	0	1	0	0	0	$A\,\overline{B}\,\overline{C}$
1	0	1	0	0	0	0	0	$A\,\overline{B}\,C$
1	1	0	0	1	0	0	0	$A\,B\,\overline{C}$
1	1	1	0	0	0	1	1	$A\,B\,C$

例題 3.2 の f_1 と例題 3.3 の f_2 は，真理値が等しいので，f_1 と f_2 から得られる主加法標準形も等しくなる．

なお，f_1 と f_2 が等しいことは，公理を用いた展開からも明らかである．

$$f_1 = \overline{A}\,\overline{C}(B+\overline{C}) + BC = \overline{A}\,\overline{C}B + \overline{A}\,\overline{C}\,\overline{C} + BC = \overline{A}\,\overline{C}(B+1) + BC$$
$$= \overline{A}\,\overline{C} + BC\,(= f_2)$$

(3) 主乗法標準形

主加法標準形と同じく,どのような 2 変数関数 $f(A, B)$ も主乗法標準形,

$$f(A, B) = \{f(0,0) + A + B\} \cdot \{f(0,1) + A + \overline{B}\} \cdot \{f(1,0) + \overline{A} + B\}$$
$$\cdot \{f(1,1) + \overline{A} + \overline{B}\} \tag{3.14}$$

で表すことができる.

ここで,式 (3.14) の論理和 $(A + B)$,$(A + \overline{B})$,$(\overline{A} + B)$,$(\overline{A} + \overline{B})$ を最大項という.

3 変数関数 $f(A, B, C)$ も同じように,最大項 $(A + B + C)$,$(A + B + \overline{C})$,$(A + \overline{B} + C)$,$(A + \overline{B} + \overline{C})$,$(\overline{A} + B + C)$,$(\overline{A} + B + \overline{C})$,$(\overline{A} + \overline{B} + C)$,$(\overline{A} + \overline{B} + \overline{C})$ によって,

$$\begin{aligned}f(A, B, C) = &\{f(0,0,0) + A + B + C\} \cdot \{f(0,0,1) + A + B + \overline{C}\} \\ &\cdot \{f(0,1,0) + A + \overline{B} + C\} \cdot \{f(0,1,1) + A + \overline{B} + \overline{C}\} \\ &\cdot \{f(1,0,0) + \overline{A} + B + C\} \cdot \{f(1,0,1) + \overline{A} + B + \overline{C}\} \\ &\cdot \{f(1,1,0) + \overline{A} + \overline{B} + C\} \cdot \{f(1,1,1) + \overline{A} + \overline{B} + \overline{C}\}\end{aligned} \tag{3.15}$$

で表される.

式 (3.14),(3.15) の右辺に,論理関数の値を代入することにより,主乗法標準形を得る.

例題 3.4

$f_1 = \overline{A}C(B + \overline{C}) + BC$ の主乗法標準形を求めよ.

[解答] 表 3.8 の最小項を最大項に置き換えた真理値表を作成する.

表 3.10 $f_1 = \overline{A}C(B + \overline{C}) + BC$ の真理値表と最大項

A	B	C	f_1	最大項
0	0	0	1	$A + B + C$
0	0	1	0	$A + B + \overline{C}$
0	1	0	1	$A + \overline{B} + C$
0	1	1	1	$A + \overline{B} + \overline{C}$
1	0	0	0	$\overline{A} + B + C$
1	0	1	0	$\overline{A} + B + \overline{C}$
1	1	0	0	$\overline{A} + \overline{B} + C$
1	1	1	1	$\overline{A} + \overline{B} + \overline{C}$

$f_1(0,0,0)=1$ より $\{f_1(0,0,0)+A+B+C\} \to 1$, $f_1(0,0,1)=0$ より $\{f_1(0,0,1)+A+B+\overline{C}\} \to (A+B+\overline{C})$ であるから,真理値表で $f_1=0$ に対応する最大項の論理積が主乗法標準形となる.

主乗法標準形:$f=(A+B+\overline{C})\cdot(\overline{A}+B+C)\cdot(\overline{A}+B+\overline{C})\cdot(\overline{A}+\overline{B}+C)$

◆ 3.6 カルノー図表

論理式を簡単化するのに,カルノー図表による方法がある.カルノー図表は,真理値表を図で表現したものである.

(1) 2変数のカルノー図表

図 3.3(a) は,2変数のカルノー図表である.図のマス目をセルという.セル上段の 0 と 1 は論理変数 A の値で,セルの左は B の値である.セルには,論理関数 $f(A,B)$ の値が記入される.

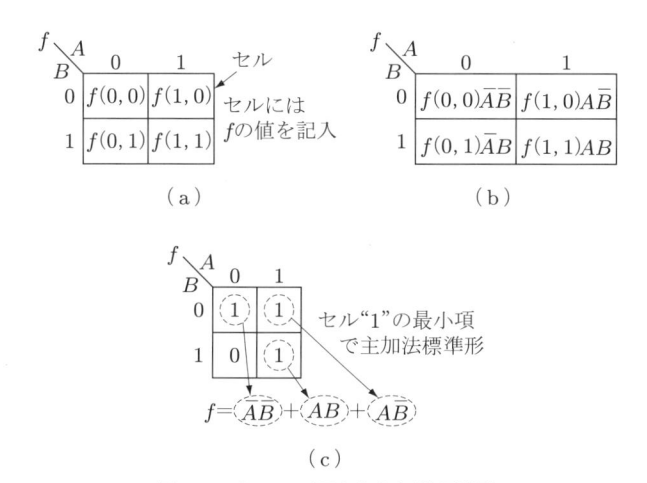

図 3.3 カルノー図表と主加法標準形

図 3.3(b) は,各セルに対応する最小項を示したもので,図 3.3(c) で例示されるように,セルの値が"1"に対応する最小項の論理和が f の主加法標準形となる.

一方,図 3.4 は,カルノー図表と主乗法標準形との対応を示したものである.図 3.4(a) は,各セルに対応する最大項を示す.セルの値が"0"に対応する最大項の論理積が主乗法標準形となる.

次章以降,カルノー図表を使った論理関数の簡単化は,主加法標準形で展開

48　第3章　論理関数

f\B\A	0	1
0	$\{f(0,0)+A+B\}$	$\{f(1,0)+\bar{A}+B\}$
1	$\{f(0,1)+A+\bar{B}\}$	$\{f(1,1)+\bar{A}+\bar{B}\}$

（a）

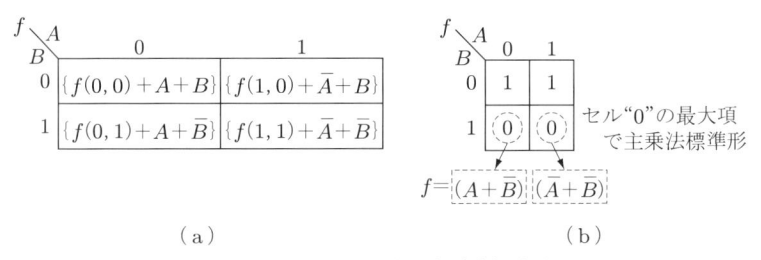

f\B\A	0	1
0	1	1
1	⓪	⓪

セル"0"の最大項
で主乗法標準形

$f = (A+\bar{B}) \cdot (\bar{A}+\bar{B})$

（b）

図 3.4　カルノー図表と主乗法標準形

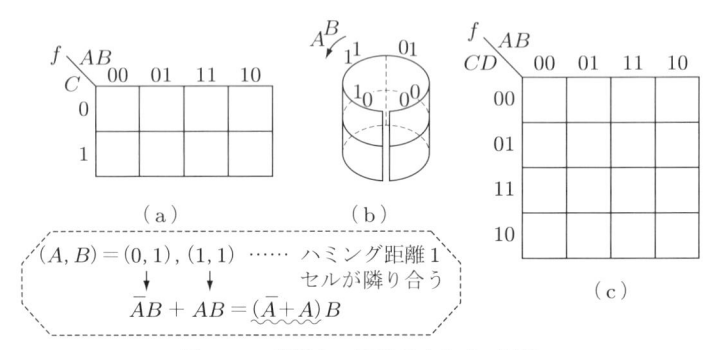

（a）3変数カルノー図表（C行、AB列：00, 01, 11, 10）

（b）円筒図

（c）4変数カルノー図表（CD行：00, 01, 11, 10、AB列：00, 01, 11, 10）

$(A,B)=(0,1),(1,1)$ …… ハミング距離1
セルが隣り合う
$\bar{A}B + AB = (\bar{A}+A)B$

図 3.5　3変数と4変数のカルノー図表

されているので，主乗法標準形について，これ以上は触れない．

（2）3変数と4変数のカルノー図表

図 3.5 (a) は，3変数のカルノー図表である．セル上段は，AとBの値で，セルの左はCの値である．A,Bは，両端のセルどうしが隣り合うようにするため，ハミング距離が1となるように，00 → 01 → 11 → 10 の順で目盛られている．図 3.5 (c) は，4変数のカルノー図表である．

（3）カルノー図表による論理関数の簡単化

カルノー図表を使って論理関数を簡単化する手順は，$f=1$のセルのうち，隣り合うセルどうしを"まとめる"ことである．まとめるセルの数が多いほど，論理関数は，より簡単化される．したがって，多くのセルをまとめることが，簡単化の課題となる．

図 3.6 は，カルノー図表を使って論理関数を簡単化する基本的な手順と考え方を例示したものである．図 3.6 (a) では，$A=0$で$B=0,1$のセル2個を一つにまとめている．このカルノー図表に対応する主加法標準形は，$f=\bar{A}\bar{B}+$

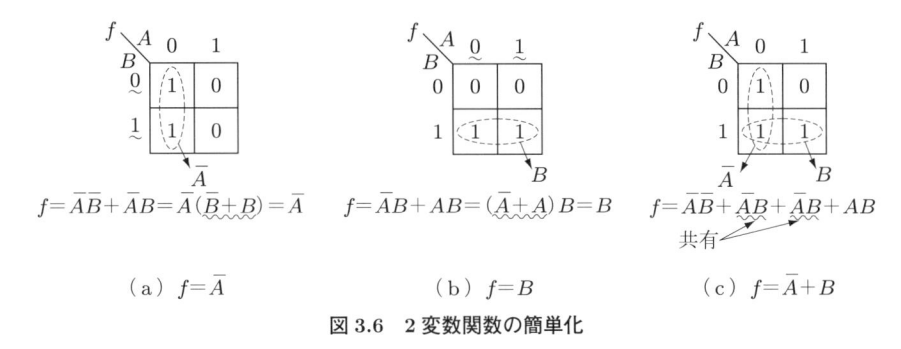

3.6 カルノー図表 **49**

(a) $f=\overline{A}$
$f=\overline{A}\,\overline{B}+\overline{A}B=\overline{A}(\overline{B}+B)=\overline{A}$

(b) $f=B$
$f=\overline{A}B+AB=(\overline{A}+A)B=B$

(c) $f=\overline{A}+B$
$f=\overline{A}\,\overline{B}+\overline{A}B+\overline{A}B+AB$
共有

図 3.6　2 変数関数の簡単化

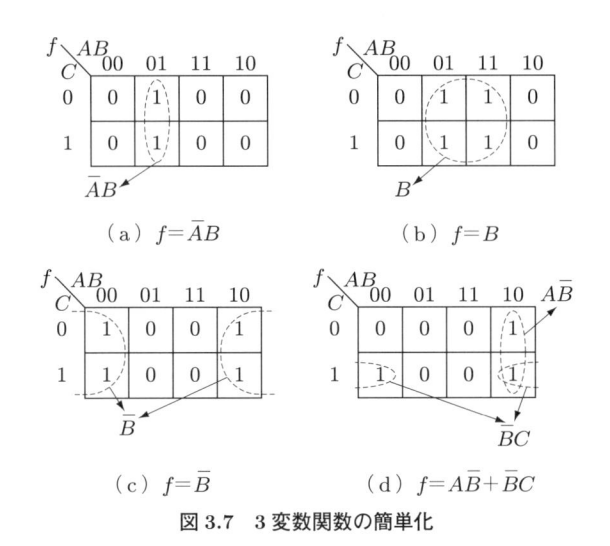

(a) $f=\overline{A}B$

(b) $f=B$

(c) $f=\overline{B}$

(d) $f=A\overline{B}+\overline{B}C$

図 3.7　3 変数関数の簡単化

$\overline{A}B$ であるから，

$$f=\overline{A}\,\overline{B}+\overline{A}B$$
$$=\overline{A}(B+\overline{B}) \qquad (3.16)$$
$$\qquad 1\,(公理⑦の補元則より)$$

となり，補元則：$B+\overline{B}=1$ を利用して，$f=\overline{A}$ に簡単化される．

　この例で理解されるように，隣り合うセルをまとめて簡単化することは，補元則（公理⑦）を使うということである．セルをまとめるのに，図 3.6 (c) のような，1 個のセルを二つのグループで共有させるテクニックもある．"共有"は，巾等則の公理③を利用して論理関数を簡単化するのと同じ展開になっている．例えば，図 3.6 (c) に対する簡単化された論理関数は，

50　第3章　論理関数

	AB			
CD	00	01	11	10
00	0	0	1	0
01	0	0	1	0
11	0	1	1	0
10	0	1	1	1

(a) $f = AB + BC + AC\bar{D}$

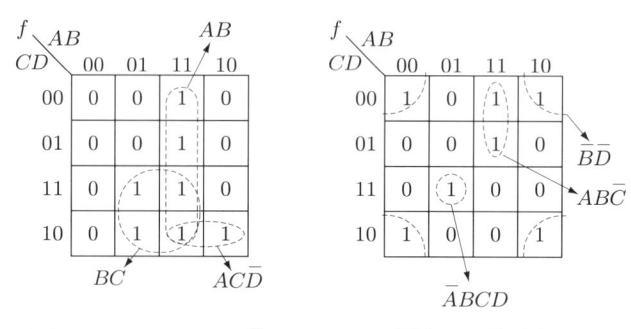

	AB			
CD	00	01	11	10
00	1	0	1	1
01	0	0	1	0
11	0	1	0	0
10	1	0	0	1

(b) $f = \bar{B}\bar{D} + AB\bar{C} + \bar{A}BCD$

図 3.8　4 変数関数の簡単化

$$f = \bar{A}\bar{B} + \bar{A}B + AB \qquad :図 3.6\,(c)\,の主加法標準形$$
$$= \bar{A}\bar{B} + \bar{A}B + \bar{A}B + AB \qquad :公理③より$$
$$= \bar{A}(B + \bar{B}) + (\bar{A} + A)B$$
$$= \bar{A} + B \tag{3.17}$$

となる．

　3 変数以上のカルノー図表では，端のセルが，他端のセルと隣り合っていることを利用して簡単化できる．そのことを示したのが，図 3.7 (c)(d) と図 3.8 (b) である．

例題 3.5

$f = \bar{A}C(B + \bar{C}) + BC$ を，カルノー図表を用いて簡単化せよ．

[解答]　論理関数が例題 3.1 と同じなので表 3.4 を利用する．表 3.4 の真理値表から f のカルノー図表を作成すると図 3.9 を得る．図から，論理関数は，$f = \bar{A}C + BC$ に簡単化される．

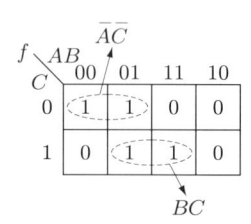

	AB			
C	00	01	11	10
0	1	1	0	0
1	0	1	1	0

図 3.9　例題 3.5 のカルノー図表

▶▶まとめ & 展開◀◀

　本章では，①論理回路が論理関数で表現されることを述べ，さらに，②論理代数の公理・定理，③論理関数の簡単化手法について解説してきた。
　これら，論理代数の公理・定理，論理関数の簡単化手法は，第4章の論理回路を設計するのに必要となる。

演習問題

1. 論理代数の公理を用いて，次の論理式を簡単化せよ．
   (1) $(\overline{A} + B)\overline{B}$
   (2) $AB + AC + B\overline{C}$
   (3) $\overline{A}B\overline{C} + BCD + \overline{A}BD + \overline{A}B\overline{C}D$

2. 論理代数の公理・定理を用いて，次の論理式を証明せよ．
   (1) $A(1+B) + \overline{A}B = A + B$
   (2) $(A+\overline{B})(\overline{B}+C)(C+A) = A\overline{B} + \overline{B}C + CA$
   (3) $\overline{AB} + \overline{A} = \overline{A} + \overline{B}$
   (4) $\overline{\overline{AB} + A\overline{B}} = AB + \overline{A}\overline{B}$

3. 次の論理関数の真理値表を作成し，主加法標準形を求めよ．
   さらに，カルノー図表を用いて簡単化せよ．
   (1) $f = AB + B(B+C) + \overline{A}C$

4. カルノー図表を用いて次の論理式を簡単化せよ．
   (1) $A + \overline{A}CD + \overline{A}BC + ABCD$
   (2) $B\overline{C}D + \overline{A}B\overline{C}D + ACD + \overline{A}BCD + ABC\overline{D}$

CPUは，論理代数で設計……

第 4 章

コンピュータの論理回路

算術論理演算回路や制御回路など，コンピュータの主要な要素は論理回路によって構成されている．論理回路は，回路の出力が現在の入力の論理関係のみによって決まる"組み合わせ論理回路"と，現在の入力に加えて過去の入力や出力の履歴にも依存する"順序回路"に大別することができる．

▶▶学習到達目標◀◀
① 基本論理回路や，正論理／負論理の考え方など，論理回路を設計するのに必要な基礎事項が理解できること．
② 論理代数を駆使して，与えられた仕様から各種組み合わせ論理回路を設計できること．
③ CPU 内部の一時記憶回路であるレジスタや命令実行順序の制御を担うカウンタなど，順序回路の機能と回路構成が説明できること

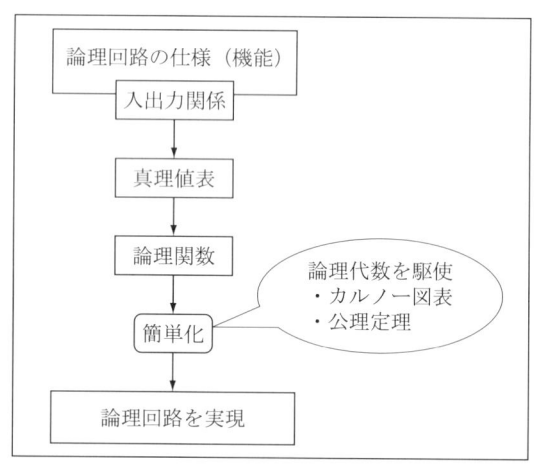

図 4.1　論理回路の設計手順

◆ 4.1 基本論理回路

基本論理回路は，論理和，論理積，論理否定の各基本論理演算を実行する回路である．すべての論理回路は，この基本論理回路で実現される．

■ 正論理と負論理

信号の状態を論理値に対応させる考え方には，正論理と負論理の 2 通りがある．正論理は，信号が H 状態で意味があって有効（アクティブともいう）なとき，H 状態を論理値 1，L 状態を 0 とする考え方である．その反対に，負論理は，信号が L 状態で有効なとき，L 状態を論理値 1，H 状態を 0 とする考え方である．

トランジスタがスイッチの役割を果たす図 4.2 の簡単な LED 点灯回路で正論理と負論理の考え方を示す．図 4.2 (a) において信号 A は，LED を点灯させる制御信号の役割を担っている．トランジスタは，信号 A が H 状態のとき動作する．このとき，トランジスタを通して LED に電流が流れ，LED を点灯させる．つまり，LED を点灯させるという意味で，信号 A は H 状態で有効な信号であり，H 状態を論理値 1 に，L 状態を 0 とする正論理で信号状態と論

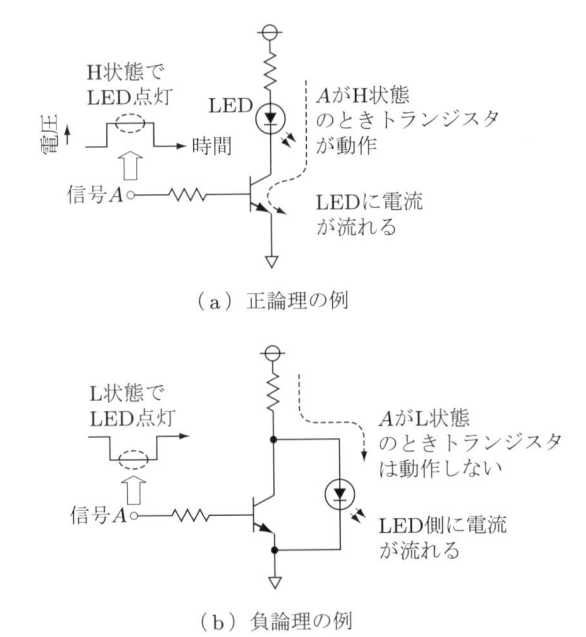

（a）正論理の例

（b）負論理の例

図 4.2　正論理と負論理

理値を対応させることができる．一方，図4.2 (b) は，信号 A が H 状態のとき，LED には電流が流れないので，消灯したままである．これとは反対に，L 状態になるとトランジスタの方には電流が流れずに，LED の方に流れるので LED は点灯する．よって，LED を点灯させる意味で，信号 A は，L 状態で有効な信号であり，L 状態を論理値 1，H 状態を 0 とする負論理で信号状態と論理値を対応させることができる．本章では，とくにことわらない限り，正論理で論理回路を扱う．

以下，3種類の基本論理回路について解説する．

(1) OR 回路

最初に，論理和演算を実現する OR 回路について述べる．図4.3 (a) の回路が，(b) のような入出力関係を示すとき，H ← 1，L ← 0 で置き換えれば，(c) の真理値表が得られる．真理値表から，図4.3 (a) の回路は，$Y = A + B$ の論理和演算で入出力の関係が示される．

論理和演算を実現する論理回路は OR 回路といわれ，回路図中では，図4.3 (d) で示す論理回路記号（以後，回路記号という）で表される．

(a) 論理回路

入力		出力
A	B	Y
L	L	L
L	H	H
H	L	H
H	H	H

(b) 入出力関係

入力		出力
A	B	Y
0	0	0
0	1	1
1	0	1
1	1	1

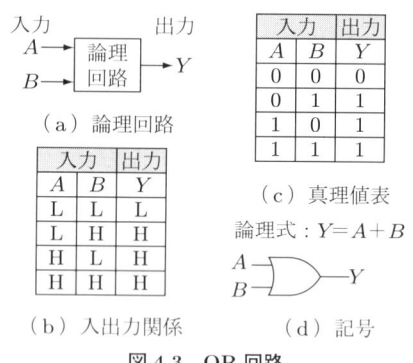

(c) 真理値表

論理式：$Y = A + B$

(d) 記号

図4.3 OR 回路

(2) AND 回路

AND 回路は，論理積演算を実現する論理回路で，その入出力関係を図4.4 (a)，真理値表を (b)，回路記号を (c) に示す．

3 入力以上の OR 回路，AND 回路は，図4.5 のように表される．

(3) NOT 回路

NOT 回路は，インバータともいい，論理否定を実現する．図4.6 (c) の回

入力		出力
A	B	Y
L	L	L
L	H	L
H	L	L
H	H	H

入力		出力
A	B	Y
0	0	0
0	1	0
1	0	0
1	1	1

論理式：$Y = AB$

(a) 入出力関係　　(b) 真理値表　　(c) 記号

図 4.4　AND 回路

図 4.5　多入力の論理記号

入力	出力
A	Y
L	H
H	L

入力	出力
A	Y
0	1
1	0

論理式：$Y = \overline{A}$

(a) 入出力関係　　(b) 真理値表　　(c) 記号

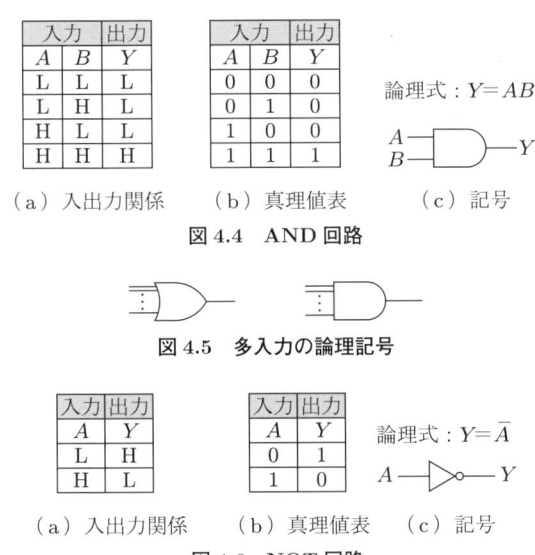

図 4.6　NOT 回路

路記号で表される．

(4) 負論理の OR 回路と AND 回路

正論理の信号として扱ったとき OR 回路とみなされる図 4.3 (b) の入出力関係を，図 4.7 (a) として再び取り上げる．この入出力関係から L ← 1, H ← 0 とする負論理で真理値表を作成すると図 4.7 (b) が得られる．表は，図 4.3 (b) の入出力関係が，負論理では AND 回路で表されることを示す．図 4.7 (c) には，負論理の AND 回路記号を示す．この回路記号において，○

論理式：$Y = A + B$

ド・モルガンの定理
$Y = \overline{\overline{A+B}} = \overline{\overline{A}\overline{B}}$

論理回路で実現

$Y'' = \overline{A}\overline{B}$, $Y = \overline{\overline{A}\overline{B}}$

入力		出力
A	B	Y
L	L	L
L	H	H
H	L	H
H	H	H

入力		出力
A'	B'	Y'
1	1	1
1	0	0
0	1	0
0	0	0

論理式：$Y = \overline{\overline{A}\overline{B}}$
$\overline{Y} = \overline{A}\overline{B}$

(a) 入出力関係　　(b) 真理値表　　(c) 記号

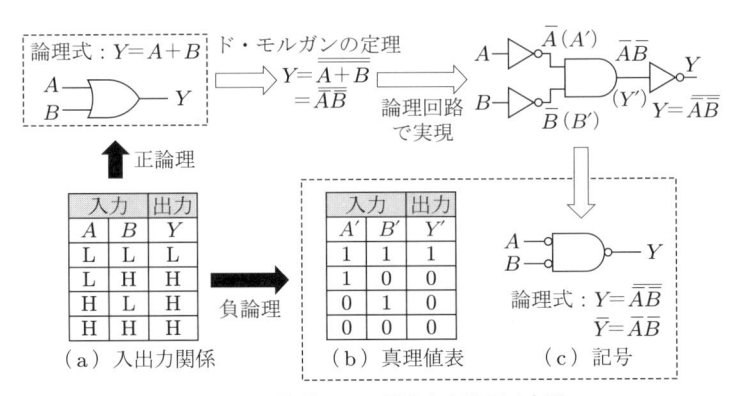

図 4.7　正論理の OR 回路を負論理で表現

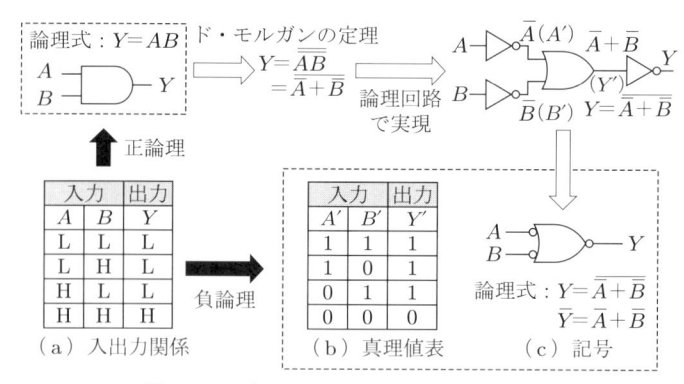

56 第4章 コンピュータの論理回路

図4.8 正論理のAND回路を負論理で表現

(a) 入出力関係

入力		出力
A	B	Y
L	L	L
L	H	L
H	L	L
H	H	H

(b) 真理値表

入力		出力
A'	B'	Y'
1	1	1
1	0	1
0	1	1
0	0	0

(c) 記号

論理式：$Y = \overline{\overline{A}+\overline{B}}$
$\overline{Y} = \overline{A}+\overline{B}$

印は，信号が負論理であることを示す．

このように，正論理のOR回路は，負論理ではAND回路と等価になる．同じように，正論理のAND回路は，負論理のOR回路と等価で，回路記号は，図4.8 (c) のように表される．

◆4.2　その他の基本的な論理回路

基本論理回路と同じように，よく使われる論理回路としてNAND, NOR, XOR回路がある．これらは，いずれも基本論理回路で実現される．

(1) NAND回路

図4.9 (a) の入出力関係を示す論理回路をNAND回路といい，図4.9 (b) の真理値表，図4.9 (c) の回路記号で表される．NAND回路は，AND回路の出力にNOT回路を接続したものとみなすことができる．

NAND回路は，それのみで3種類の基本論理回路に置き換えることができることから，よく使われる回路である．NAND回路を入力 A, B，出力 Y とす

(a) 入出力関係

入力		出力
A	B	Y
L	L	H
L	H	H
H	L	H
H	H	L

(b) 真理値表

入力		出力
A	B	Y
0	0	1
0	1	1
1	0	1
1	1	0

(c) 記号

論理式：$Y = \overline{AB}$

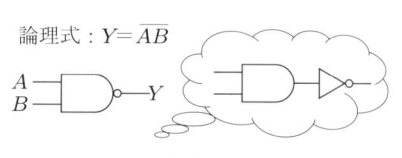

図4.9　NAND回路

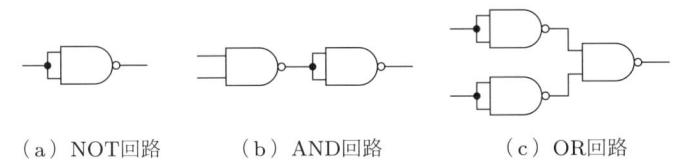

(a) NOT回路　　(b) AND回路　　(c) OR回路

図 4.10　NAND 回路を組み合わせた 基本論理回路

る論理式で表すと,
$$Y = \overline{AB} \tag{4.1}$$
となる．$B = A$ とするなら,
$$Y = \overline{AA} = \overline{A} \tag{4.2}$$
となり，図 4.10 (a) のように NOT 回路を NAND 回路で置き換えることができる．同じような手順で，図 4.10 (b) のように AND 回路を置き換えることもできる．

さらに，ド・モルガンの定理を用いるなら，
$$Y = \overline{(\overline{A + B})}$$
$$= \overline{\overline{A} \cdot \overline{B}} \tag{4.3}$$
のように展開できるので，図 4.10 (c) のように OR 回路も NAND 回路で置き換えることができる．

(2) NOR 回路

NOR 回路は，OR 回路の出力側に NOT 回路を接続したものである．図 4.11 に NOR 回路の入出力関係，真理値表，ならびに，回路記号を示す．

(3) XOR 回路

入力 A, B の論理値が互いに相異なるとき，出力 Y の論理値が真 (1) となる論理を排他的論理和という．排他的論理和は，XOR (exclusive-OR)，ExOR，EOR などと表されるが，本書では，XOR で表現する．図 4.12 (b) は，XOR

入力		出力
A	B	Y
L	L	H
L	H	L
H	L	L
H	H	L

入力		出力
A	B	Y
0	0	1
0	1	0
1	0	0
1	1	0

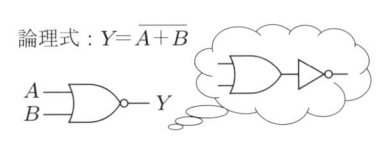

論理式：$Y = \overline{A + B}$

(a) 入出力関係　　(b) 真理値表　　(c) 記号

図 4.11　NOR 回路

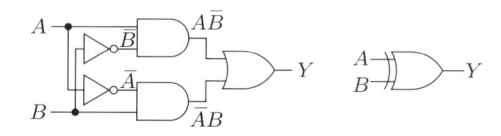

58　第4章　コンピュータの論理回路

（a）入出力関係　　（b）真理値表　　（c）論理式：$Y=\overline{A}B+A\overline{B}$の構成　　（d）記号

図 4.12　XOR 回路

論理の真理値表である．この真理値表から，主加法標準形を求めると，次の式が得られる．

$$Y=\overline{A}B+A\overline{B} \tag{4.4}$$

この式を基本論理回路で構成すると図 4.12 (c) になる．XOR は，論理演算子 ⊕ を用いて，

$$Y=A\oplus B \tag{4.5}$$

のように記述される．また，回路図の中では，図 4.12 (d) の回路記号で表される．

なお，XOR の否定は，ド・モルガンの定理を使って，次のように展開される．

$$\overline{A\oplus B}=\overline{\overline{A}B+A\overline{B}}=(\overline{\overline{A}B})\,(\overline{A\overline{B}})$$
$$=(A+\overline{B})(\overline{A}+B)=\overline{A}\,\overline{B}+AB \tag{4.6}$$

式 (4.6) は，図 4.12 (b) の真理値表から，$\overline{Y}$ の主加法標準形としても得られる．この方が，簡単に $\overline{A\oplus B}$ を求めることができる．

■ MIL 記法

これまでに示した回路記号は，MIL 規格（military standard specification：米軍規格）で形状が決められ，MIL 記号ともいう．MIL 記法では負論理信号に対して，"負論理の信号は負論理で受ける" という約束，言い換えるなら "○から出力された信号は○で受ける" という "論理の一致" のもとに回路が設計されている（第 4 章演習問題 1 参照）．

◆ 4.3　組み合わせ論理回路

前節で学んだ OR, AND, NOT の基本論理回路や，NAND, NOR, XOR 回路は，ゲート回路ともいう．これらの論理回路を組み合わせることによって，与えられた論理式を実現する論理回路を構成することができる．この節では，現在の入力のみで出力が決定される組み合わせ論理回路について学ぶ．

4.3 組み合わせ論理回路   59

```
        仕  様
          ↓
        真理値表
          ↓
        論理式    ・主加法標準形
          ↓       ・主乗法標準形
      論理式の簡単化
          ↓
                ・論理代数の公理定理
          ↓
      基本論理回路
        で実現
```

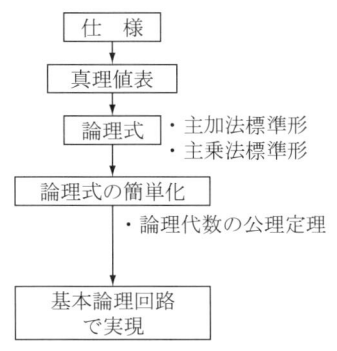

図 4.13 組み合わせ論理回路の設計手順

（1） 組み合わせ論理回路の設計手順

組み合わせ論理回路は，以下の手順で設計される．

① 与えられた仕様にもとづいて真理値表を作成する．
② 真理値表から論理式を求める．
 ・主加法標準形（または，主乗法標準形）
  （・カルノー図表：④へ）
③ 得られた論理式を簡単化する．
 ・論理代数の公理と定理
④ 簡単化された論理式を基本論理回路で構成する．

以下，主な組み合わせ論理回路を設計してみよう．まずは，1 ビットの加算器を取り上げる．

（2） 半加算器

下位桁からの桁上がりを扱わない加算器を半加算器（HA：half adder）という．ただし，加算結果としての桁上がりは出力する．

$$
\begin{array}{cccc}
0 & 0 & 1 & 1 \cdots A:\text{被加数} \\
+)0 & +)1 & +)0 & +)1 \cdots B:\text{加数} \\
\hline
00 & 01 & 01 & 10 \cdots S:\text{和} \\
& & & \vdots\, C_o:\text{桁上がり}
\end{array}
$$

図 4.14 計算手順（半加算）

① 真理値表：被加数 A と加数 B を入力，和 S と桁上がり C_o を出力に選ぶと，半加算の計算手順から表 4.1 の真理値表を得る．
② 論理式と論理回路：真理値表から，半加算器の論理式を主加法標準形で

60　第4章　コンピュータの論理回路

表 4.1　半加算器の真理値表

入力		出力	
A	B	S	C_o
0	0	0	0
0	1	1	0
1	0	1	0
1	1	0	1

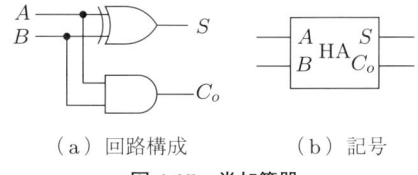

（a）回路構成　　　　（b）記号

図 4.15　半加算器

表現すると，

$$S = \overline{A}B + A\overline{B} \tag{4.7}$$

$$C_o = AB \tag{4.8}$$

となる．S は XOR 論理，C_o は論理積そのものであるから，これらを論理回路で表現すると，図 4.15 (a) を得る．以後，本書では，図 4.15 (a) の回路を，(b) のようなブロック記号で表す．

（3）全加算器

半加算器に対して，全加算器（FA：full adder）は下位桁からの桁上がりを入力として扱う．

① 真理値表：表 4.2 に全加算器の真理値表を示す．

C_i ‥‥ 下位桁からの桁上がり
　A ‥‥ 被加数
＋）B ‥‥ 加数
$C_o\ S$ ‥‥ 和
　⋮
桁上がり

図 4.16　計算手順（全加算）

表 4.2　全加算器の真理値表

入力			出力	
A	B	C_i	C_o	S
0	0	0	0	0
0	0	1	0	1
0	1	0	0	1
0	1	1	1	0
1	0	0	0	1
1	0	1	1	0
1	1	0	1	0
1	1	1	1	1

② 論理式と論理回路：真理値表から，S を主加法標準形で表すと，次の論理式が得られる．

$$S = \overline{A}\,\overline{B}C_i + \overline{A}B\overline{C_i} + A\overline{B}\,\overline{C_i} + ABC_i \tag{4.9}$$

さらに，式 (4.6) を用いると，次のように整理される．

$$S = (\overline{A}\,\overline{B} + AB)C_i + (\overline{A}B + A\overline{B})\overline{C_i}$$
$$= \overline{(A \oplus B)}\,C_i + (A \oplus B)\overline{C_i}$$

C_o \ AB	00	01	11	10
0	0	0	1	0
1	0	1	1	1

図 4.17　C_o のカルノー図表

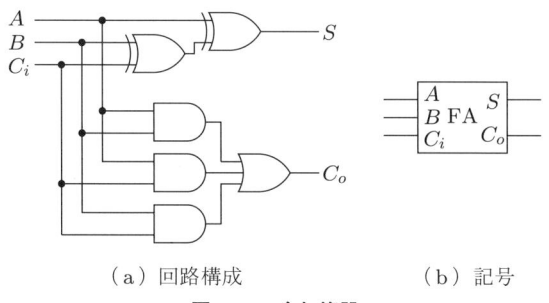

(a) 回路構成　　　　(b) 記号

図 4.18　全加算器

$$S = A \oplus B \oplus C_i \tag{4.10}$$

C_o は，カルノー図表を使って簡単化された論理式を求めてみよう．図 4.17 は，C_o のカルノー図表である．これから，C_o を表現する次の論理式を得る．

$$C_o = AB + BC_i + C_i A \tag{4.11}$$

図 4.18 (a) は全加算器の論理回路である．S は，式 (4.10) により XOR 回路で，C_o は，式 (4.11) から AND 回路と OR 回路で構成される．

以後，全加算器は，図 4.18 (b) のブロック記号で表すこととする．

(4) デコーダ

デコーダ (decoder) は，復号器ともいわれ，2 進コードの符号を入力し，その符号の意味に対応する信号を出力する回路のことをいう．デコーダとは反対に，入力信号を符号化する回路をエンコーダ (encoder) という．エンコーダは符号器ともいわれる．

図 4.20 は，コンピュータを構成する重要な回路要素の一つである，命令デコーダを例示した図である．命令デコーダは，メモリから取り出された命令コードを解読（デコード）し，コードに対応する命令信号，例えば，図 4.20 において命令コードが "(2)$_{16}$" のとき，算術論理加減算を指示する信号を出力する．

デコーダとして，ここでは 3 ビットの 2 進コードを 10 進数に対応する信号に変換する 2 進-10 進デコーダを取り上げる．

① 真理値表：論理変数 A を最下位桁，C を最上位桁とすると，表 4.3 の

(a) デコーダ　　　　(b) エンコーダ

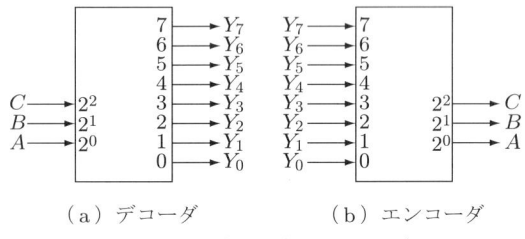

図 4.19　デコーダとエンコーダ

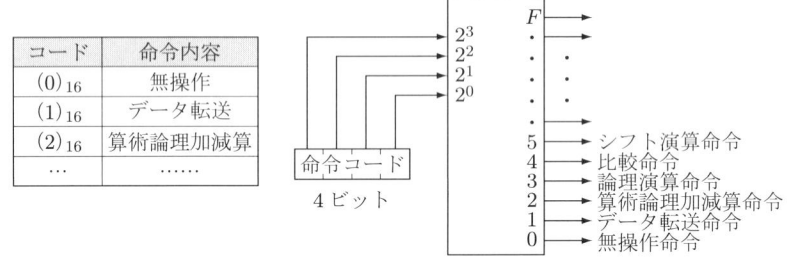

コード	命令内容
$(0)_{16}$	無操作
$(1)_{16}$	データ転送
$(2)_{16}$	算術論理加減算
...	......

(a) 命令コード表　　　　(b) 命令デコーダ

図 4.20　デコーダの一例（コンピュータの命令デコーダ）

表 4.3　2進-10進デコーダの真理値表

入　力			出　力							
C	B	A	Y_0	Y_1	Y_2	Y_3	Y_4	Y_5	Y_6	Y_7
0	0	0	1	0	0	0	0	0	0	0
0	0	1	0	1	0	0	0	0	0	0
0	1	0	0	0	1	0	0	0	0	0
0	1	1	0	0	0	1	0	0	0	0
1	0	0	0	0	0	0	1	0	0	0
1	0	1	0	0	0	0	0	1	0	0
1	1	0	0	0	0	0	0	0	1	0
1	1	1	0	0	0	0	0	0	0	1

真理値表を得る．ここで，$Y_0 \sim Y_7$ は，10 進数の 0 〜 7 に対応する出力である．

② 論理式と論理回路：$Y_0 \sim Y_7$ を主加法標準形で表すと，$Y_0 = \overline{A}\,\overline{B}\,\overline{C}$，$Y_1 = A\,\overline{B}\,\overline{C}$，……，$Y_7 = ABC$ となる．よって，A, B, C を入力，$Y_0 \sim Y_7$ を出力とする 2 進-10 進デコーダは，AND 回路と NOT 回路で，図 4.21 のように構成される．

4.3 組み合わせ論理回路   63

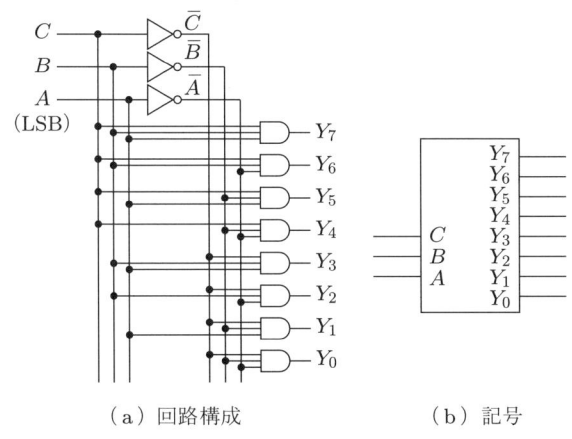

(a) 回路構成   (b) 記号

図 4.21 2 進-10 進デコーダ

(5) セレクタ

セレクタ（selector）とは，複数の入力信号から特定の信号を選択する回路のことで，マルチプレクサ（multiplexer）ともいう．ここでは，選択信号 S に従って，A_0 と A_1 の 2 入力のうち，いずれかの入力を Y に出力する 2:1 セレクタを取り上げる．

① 真理値表：A_0, A_1 に対して，$S=0$ のとき A_0 が，$S=1$ のとき A_1 が出力される 2:1 セレクタの，真理値表と回路記号を図 4.22 に示す．

② 論理式と論理回路：真理値表から，

$$Y = \overline{S}\,\overline{A_1}A_0 + \overline{S}A_1A_0 + SA_1\overline{A_0} + SA_0A_1$$
$$= \overline{S}A_0(\overline{A_1} + A_1) + SA_1(\overline{A_0} + A_0)$$
$$= \overline{S}A_0 + SA_1 \tag{4.12}$$

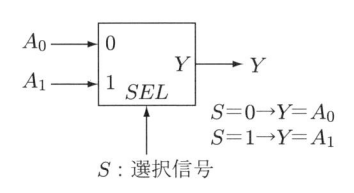

選択	入力		出力
S	A_1	A_0	Y
0	0	0	0
0	0	1	1
0	1	0	0
0	1	1	1
1	0	0	0
1	0	1	0
1	1	0	1
1	1	1	1

(a) 記号   (b) 真理値表

図 4.22 2:1 セレクタ

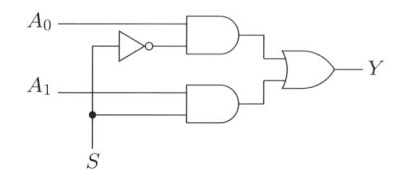

図 4.23 2：1 セレクタの論理回路による実現

を得る．式 (4.12) は，基本論理回路を用いて，図 4.23 に示すような回路で構成される．

◆ 4.4　フリップフロップ

論理回路を大別すると，出力が現在の入力の論理関係のみによって決まる組み合わせ論理回路と，現在の入力に加えて過去の入力と出力履歴にも依存する"順序回路"に分類できることは，本章の冒頭で述べたとおりである．順序回路には，フリップフロップ（FF：flip-flop），カウンタ（counter），レジスタ（register）がある．カウンタやレジスタは，複数のフリップフロップで構成される．

フリップフロップは，1 ビットのデータを記憶する最も基本的な回路で，次のような機能がある．

① 相補関係にある二つの出力 Q と $\overline{Q}$ を備えている．（相補関係：$Q = 1$ のとき $\overline{Q} = 0$，$Q = 0$ のとき $\overline{Q} = 1$）

② 入力が変化しない限り，出力は 0（または 1）の安定な状態を保持し続ける．

③ 入力条件によって出力を別の状態に設定する．

フリップフロップには，各種のものがある．このうち，すべてのフリップフロップの基本になっているリセット・セット-フリップフロップ（RS-FF）を，最初に取り上げる．

（1）RS-FF

図 4.24 (a) は，RS-FF（reset set flip-flop）の回路記号である．フリップフロップは，このような箱形の記号で表現される．S はセット入力，R はリセット入力で，R と S の組み合わせによって，出力 Q を 0，1 の状態に設定・保持する．フリップフロップは，Q のほかに Q の否定 $\overline{Q}$ を出力するが，フリップフロップとしての値は Q で代表される．図 4.24 (b) は，2 個の NAND 回路

4.4 フリップフロップ **65**

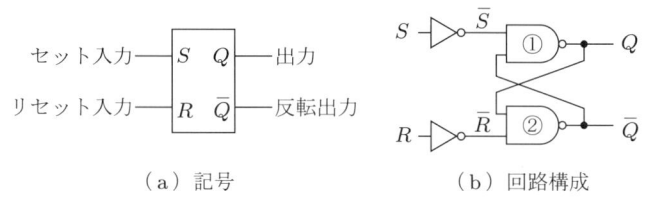

図 4.24 RS-FF

（a）記号　　　（b）回路構成

による RS-FF の構成例である．一方の NAND 出力を，他方の NAND 入力に，タスキ掛け接続している．

RS-FF の機能を知るため，図 4.24 (b) をもとに，R, S の組み合わせによって Q がどのように変化するかを考える．

① $S=0$，$R=0$

◆ $Q=0$（$\overline{Q}=1$）のとき，$\overline{R}=1$, $Q=0$ であるから NAND ②の出力 $\overline{Q}$ は 1 である．この $\overline{Q}=1$ が NAND ①の入力にフィードバックされ，$\overline{S}=1$ であることから，NAND ①の出力 Q は 0 である．さらに，$Q=0$ が NAND ②の入力にフィードバックされるから，$\overline{R}=1$ であっても NAND ②の出力 $\overline{Q}$ は 1 である．以下，同じような繰り返しによって，"$S=0, R=0$" の組み合わせで $Q=0$ のときは，そのまま $Q=0$ の値を安定保持する．

◆ $Q=1$（$\overline{Q}=0$）のとき，$\overline{R}=1$, $Q=1$ であるから NAND ②の出力 $\overline{Q}$ は 0 である．この $\overline{Q}=0$ が NAND ①の入力にフィードバックされるから，$\overline{S}=1$ であっても，NAND ①の出力 Q は 1 のままである．さらに，Q が NAND ②の入力にフィードバックされ，$\overline{R}=1$ のままであるから $\overline{Q}$ は 0 である．以下，同じような繰り返しによって，"$S=0, R=0$" の組み合わせで $Q=1$ のときは，そのまま $Q=1$ の値を安定保持する．

以上の結果から，$S=0, R=0$ のとき，Q はそのままの状態を保持することが確認される．

② $S=0$，$R=1$

同じような手順で NAND ①の出力を求めると，

◆ $Q=0$ のとき，$Q=0$
◆ $Q=1$ のとき，$Q=0$

となり，出力 Q はリセット（$Q=0$）される．

③ $S=1$，$R=0$

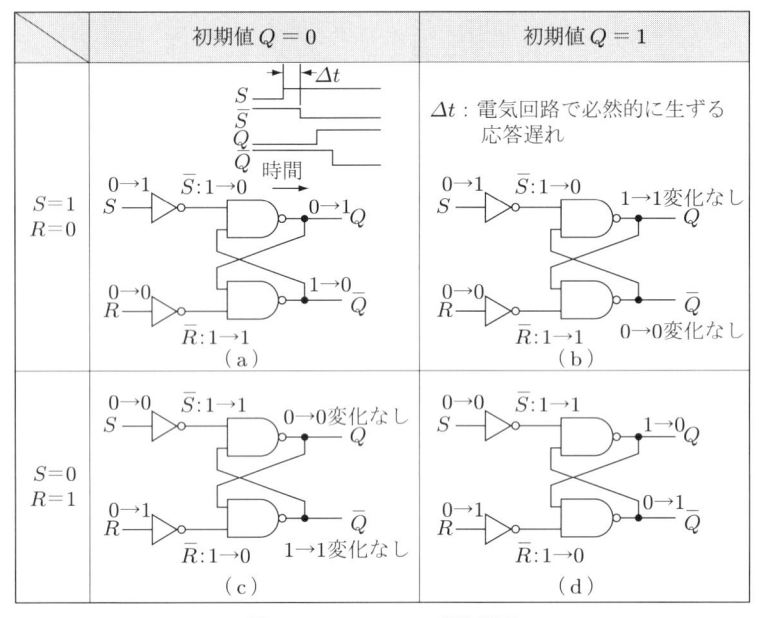

図4.25 RS-FFの動作説明

この場合も，同じような手順で，

- ◆ $Q=0$ のとき，$\bar{Q}=1$
- ◆ $Q=1$ のとき，$\bar{Q}=1$

となり，出力 $\bar{Q}$ はセット（$\bar{Q}=1$）される．

図4.25は，②，③の動作を説明したものである．図では，S, R が0から，それぞれの組み合わせの値に変化させたときの $Q(\bar{Q})$ が示されている．

④ $S=1, R=1$

フリップフロップは，$Q=0$ なら $\bar{Q}=1$，$Q=1$ なら $\bar{Q}=0$ のように，出力 Q と $\bar{Q}$ は相補的である．$S=1, R=1$ では $Q, \bar{Q}$ が不定であり，相補的にならないこともあるので，この組み合わせは禁止される．

表4.4に，S, R に対する Q の状態を示す．このような表を状態遷移表という．添え字 $n, n+1$ は，時間を表現するもので，n は状態が変化（"遷移"という）する前を，$n+1$ は遷移後であることを意味する．

図4.26は，横軸を時間 t，縦軸を信号状態（H, L）に選んだもので，タイミングチャートという．

表4.4 RS-FF の状態遷移表

S	R	Q^{n+1}	動 作
0	0	Q^n	前の状態保持
0	1	0	リセット
1	0	1	セット
1	1	—	禁止

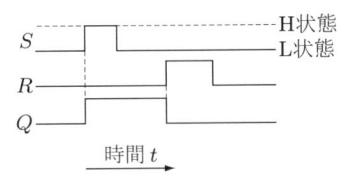

図4.26 RS-FF のタイミングチャート例

次に,Q^{n+1} を表現する論理式を求める.Q^{n+1} の論理式は,表4.4の状態遷移表から導出することもできるが,ここでは,カルノー図表から求める.

まず,表4.4の Q^n に0,1の論理値を代入し,表4.4を書き換えると表4.5が得られる.この表で,ϕ は禁止を表す.さらに,表からカルノー図表を作成すると,図4.27を得る.カルノー図表を使った論理式の簡単化において,禁止は選択されないので,"1" と見なすテクニックがよく用いられる.このテクニックを用いると,Q^{n+1} として次式を得る.

$$Q^{n+1} = Q^n \cdot \overline{R} + S \tag{4.13}$$

なお,図4.24(b)の RS-FF は,NOR 回路を使って,図4.28に示す構成で実現することもできる.

表4.5 RS-FF の状態遷移表

Q^n	S	R	Q^{n+1}
0	0	0	0
0	0	1	0
0	1	0	1
0	1	1	ϕ
1	0	0	1
1	0	1	0
1	1	0	1
1	1	1	ϕ

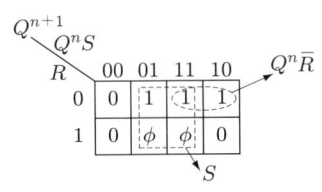

図4.27 RS-FF のカルノー図表

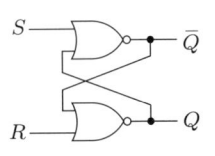

図4.28 RS-FF

(2) RST-FF

RST-FF は，RS-FF のリセット・セットを，トリガ入力 T(trigger input) で動作させるもので，図 4.29 の (a) に NAND 回路による構成例を，(b) に回路記号を示す．トリガ入力には，入力信号の立ち上がりエッジで RS-FF が動作するポジティブエッジトリガ入力と，立ち下がりエッジで動作するネガティブエッジトリガ入力とがある．ネガティブエッジトリガの場合は，入力端子に○印が，また，信号にエッジ波形が付される（図 4.30 参照）．

■ **プリセット入力 $\overline{PR}$ とクリア入力 $\overline{CL}$**

図 4.29 の図で，$\overline{PR}$ はプリセット入力，$\overline{CL}$ はクリア入力である．$\overline{PR}$, $\overline{CL}$ に入力される信号は，表 4.6 (a) のように出力 Q を遷移させる．$\overline{PR}$, $\overline{CL}$ は，フリップフロップを初期設定するのに便利な入力で，例えば，$\overline{CL}$ 入力は，回路に電源を投入した直後の，フリップフロップの初期化に利用できる．

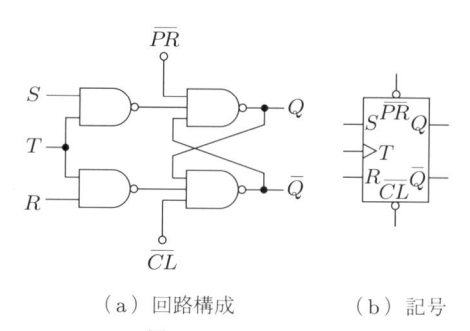

（a）回路構成　　（b）記号

図 4.29　RST-FF

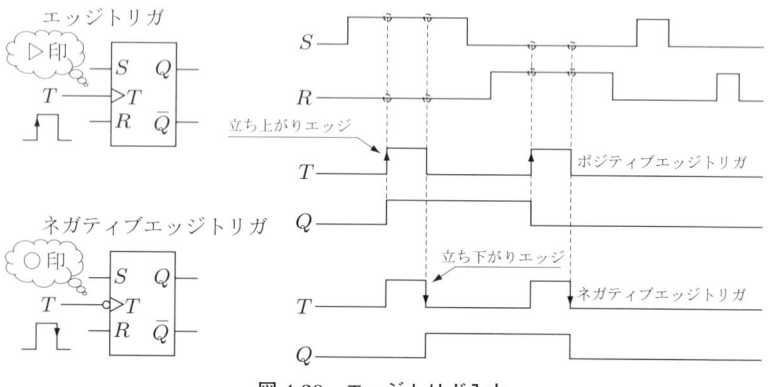

図 4.30　エッジトリガ入力

4.4 フリップフロップ **69**

表 4.6 プリセット入力 $\overline{PR}$ とクリア入力 $\overline{CL}$ の機能
(a) 状態遷移表

$\overline{PR}$	$\overline{CL}$	Q^{n+1}	動　　作
0	0	—	禁　　止
0	1	1	セ ッ ト
1	0	0	リ セ ッ ト
1	1	Q^n	前の状態保持

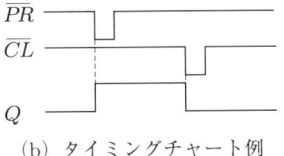

(b) タイミングチャート例

(3) JK-FF

RST-FF の S, R 入力に, $S = J\overline{Q}, R = KQ$ として出力 $Q, \overline{Q}$ をフィードバックした. 図 4.31 (a) に示す回路構成のフリップフロップを JK-FF という.

$S = J\overline{Q}, R = KQ$ とすることにより, RST-FF が禁止入力を選択することはない. 図 4.31 (a) で, $J=1, K=1$ の場合を考える.

- $Q^n = 0$ のとき, $S=1, R=0 \to$ トリガ入力 $\to Q^{n+1}=1$
- $Q^n = 1$ のとき, $S=0, R=1 \to$ トリガ入力 $\to Q^{n+1}=0$

であるから, JK-FF では $J=1, K=1$ のとき, トリガ入力 T に同期して, 出力 Q は状態反転する.

その他の J, K の組み合わせに対して, 同様に Q^{n+1} を求めると, 表 4.7 の状態遷移表を得る.

JK-FF としてよく使われるのは, 図 4.33 に示すマスターとスレーブの, 2 組の RST-FF で構成されるマスタースレーブ JK-FF である. マスタースレーブ JK-FF の機能で重要なのは, トリガ入力直前における J, K の条件で, 状態 Q^n を Q^{n+1} に遷移させることである. 以下の説明では, このことが理解できていれば十分なので, 回路の詳しい説明は省略する.

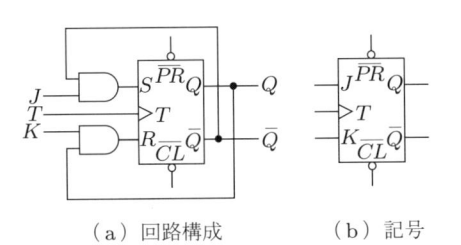

（a）回路構成　　　（b）記号

図 4.31 JK-FF の回路構成と記号

表 4.7 JK-FF の状態遷移表

J	K	T	Q^{n+1}	動　作
0	0		Q^n	保　持
0	1		0	リセット
1	0		1	セット
1	1		$\overline{Q^n}$	反　転

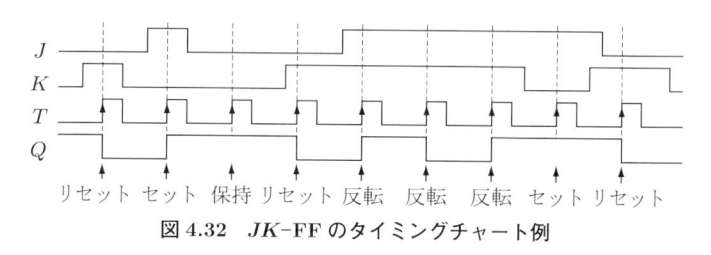

図 4.32　JK-FF のタイミングチャート例

(リセット　セット　保持　リセット　反転　反転　反転　セット　リセット)

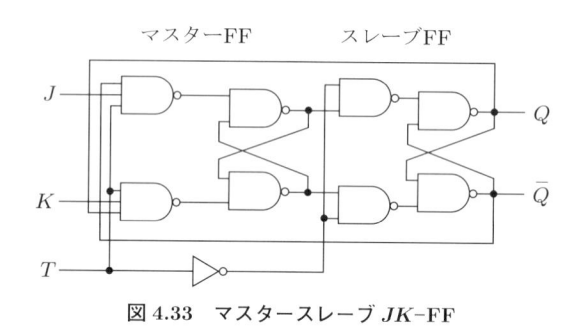

図 4.33　マスタースレーブ JK-FF

(4)　D-FF

D-FF は，遅延フリップフロップ（delayed flip-flop）ともいい，入力 D の状態を，トリガ入力の立ち上がり（立ち下がり）エッジで，Q に出力する．図 4.34 に回路記号と，動作を説明するタイミングチャート例を示す．

(5)　T-FF

T-FF の T は，トグル（toggle），もしくは，トリガ（trigger）の略で，トリガ入力の立ち上がり（立ち下がり）エッジで，出力 Q を反転させる．図 4.35 に回路記号と，動作を説明するタイミングチャートの例を示す．

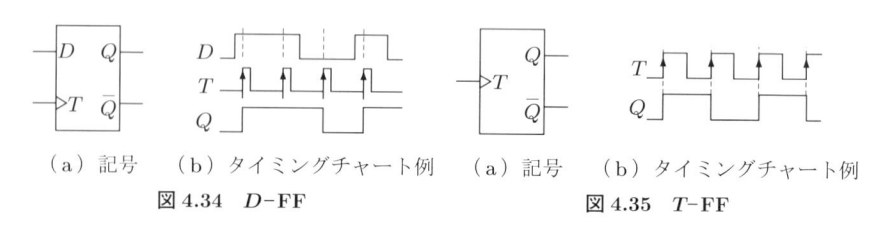

（a）記号　（b）タイミングチャート例　（a）記号　（b）タイミングチャート例
図 4.34　D-FF　　　　　　　　　図 4.35　T-FF

◆ 4.5　カウンタ

カウンタは，クロックパルスの個数を数える回路である．図 4.36 は，3 段の T-FF で構成される，3 ビットの 2 進カウンタである．初段の T-FF のト

リガ入力には，計数されるクロックパルスが接続されている．次段以降のトリガ入力には，前段の出力 Q が接続されている．T-FF の出力は，2進数の各ビットに対応し，初段の出力は，2進数の最下位桁に対応する．

図 4.36 (a) をもとに，カウンタの動作を考える．クロックパルス CLK の立ち下がりで，出力 Q_0 は状態が反転する．Q_0 は，次段のトリガ入力に接続されているので，Q_0 が立ち下がるつど Q_1 は状態反転し，2進数を $+1$ したときの桁上がり動作となる．以下，同じように Q_1 が次段のトリガ入力に接続されているので，図 4.36 (b) に示すタイミングチャートが描かれる．

フリップフロップは，回路素子の電気的な応答性により，トリガ入力に対して Δt 時間（n 秒オーダ）だけ遅れて出力される．このため，図 4.36 (a) のように T-FF の出力を次段のトリガ入力に接続しただけの回路は，各 T-FF の出力遷移タイミングが互いに一致しない．また，クロックパルスのトリガタイミングとも一致しない．このようなカウンタを非同期式カウンタという．

一方，図 4.37 のカウンタ回路では，クロックパルス CLK に対して出力は Δt だけ遅れるが，すべての Q が同じタイミングで状態遷移する．このような

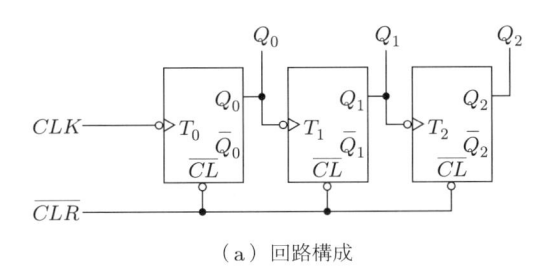

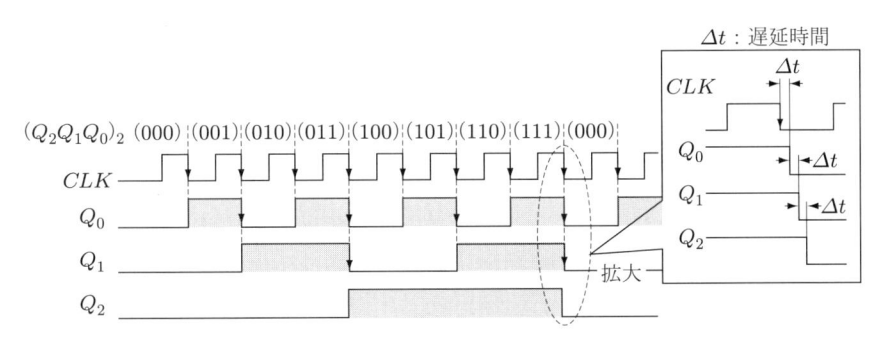

(a) 回路構成

(b) タイミングチャート

図 4.36　非同期式-2進カウンタ

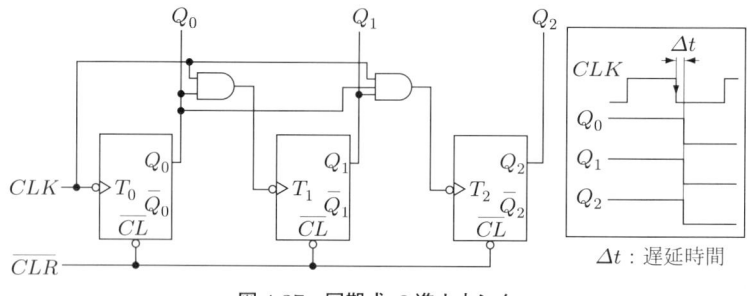

図 4.37　同期式-2 進カウンタ

カウンタを同期式カウンタという.

図 4.37 の同期式カウンタで, Q_0, Q_1, Q_2 が同じタイミングで状態遷移する理由を 3 段目の T-FF 出力 Q_2 を取り上げて説明する. Q_2 は, Q_1 からの桁上がりなので, Q_0 と Q_1 の両方が 1 で, クロックパルス CLK の立ち下がりエッジで状態遷移する. よって, Q_0, Q_1, および, CLK を入力とする AND 回路の出力をトリガ入力に選べば, CLK の立ち下がりエッジに同期して Q_2 は状態遷移する. 同じ理由で, Q_1 も CLK の立ち下がりエッジで状態遷移する.

◆ 4.6　レジスタ

演算結果などのデータを一時的に記憶する機能の回路をレジスタという. レジスタは複数個のフリップフロップで構成される. ここでは, クロックパルスが入力されるつど, 記憶内容を 1 ビットずつ移動 (シフト: shift) させるシフトレジスタを取り上げる.

シフトレジスタは, 単に記憶データをシフトさせるだけでなく, バイト単位の並列入力をビット単位で直列出力したり, その逆に, 直列入力を並列出力する, 直/並列変換器としても使われる.

図 4.39 (a) は, 3 段のマスタースレーブ JK-FF で構成される 3 ビット・シフトレジスタの回路図である. 初段の入力 J_0 には直列入力 $D_{\rm in}$ が, K_0 には $\overline{D_{\rm in}}$ が接続されている. 以下, 2 段目と 3 段目の入力 J, K には, 前段の出力 Q, $\overline{Q}$ が接続されているので, JK-FF の状態遷移条件に従い, クロックパルス CLK の立ち下がりで, 初段の JK-FF は $D_{\rm in}$ の値を出力し, 2 段目と 3 段目の JK-FF は, それぞれ前段の Q を出力する. よって, 各 JK-FF の出力は, 1 ビットずつシフトされることになる.

4.6 レジスタ

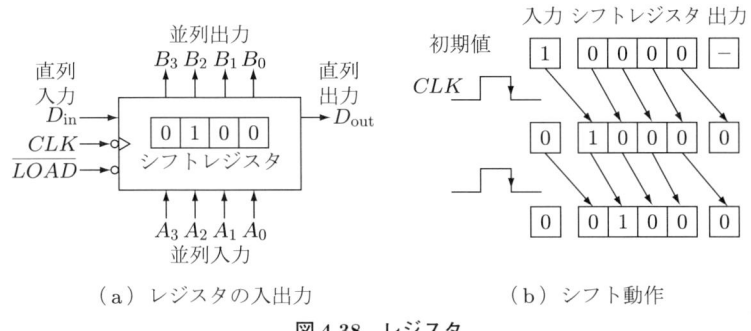

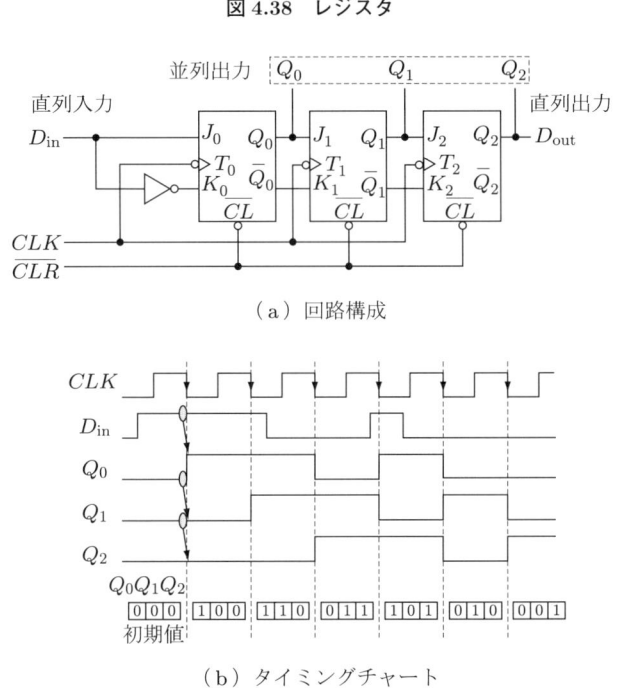

図 4.38 レジスタ
（a）レジスタの入出力
（b）シフト動作

図 4.39 直列入力のシフトレジスタ
（a）回路構成
（b）タイミングチャート

図 4.39（b）は，シフト動作のタイミングチャートである．このタイミングチャートを理解するうえでのポイントは，マスタースレーブ JK-FF は，"トリガ直前の，入力 J の状態を，トリガ時点で Q に出力する" ことにある．

図 4.40 は，並列入力回路を加えた，シフトレジスタの回路構成である．$\overline{LOAD}$ 信号は，並列データをシフトレジスタに設定（ロード）するのに使われる．ロードの前には，$\overline{CLR}$ 信号で Q をクリアしておく必要がある．

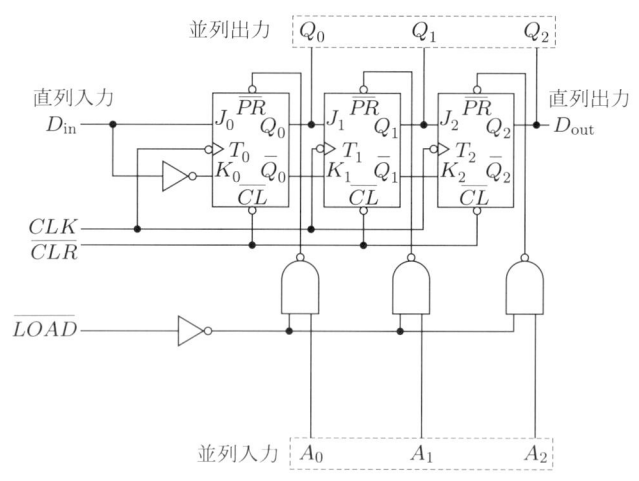

図 4.40　直列/並列入力のシフトレジスタ

◆ 4.7　その他の回路

■ 3 ステートバッファ

　メモリや CPU など，コンピュータを構成する回路要素は，バスラインという複数の信号線で繋がっており，このバスラインを通してデータを伝送している．コンピュータの各回路は，バスラインを共有している．例えば，図 4.41 は，2 個のメモリがデータバスに接続されている状況を示す．電気的素子で構成されている論理回路では，出力信号どうしを，そのまま接続できないので，図 4.41 (a) のようにメモリのデータ線をバスラインに直結させることはない．複数のメモリとバスラインを接続するときは，図 4.41 (b) のように，バスラインとの間にスイッチの役割を担う 3 ステートバッファ（3-state buffer）を挿入

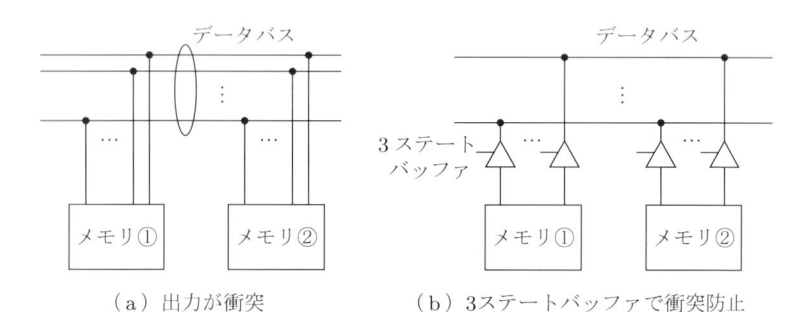

（a）出力が衝突　　　　　（b）3 ステートバッファで衝突防止

図 4.41　複数メモリのバスライン接続

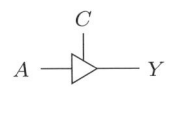

4.7 その他の回路

制御	入力	出力
C	A	Y
H	L	L
H	H	H
L	X	Z

X：任意

(a) 記号　　　(b) 動作表

図 4.42　3 ステートバッファ

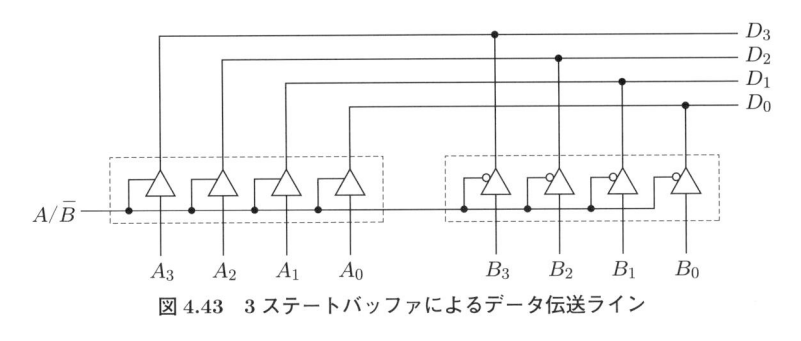

図 4.43　3 ステートバッファによるデータ伝送ライン

する．3 ステートバッファは，H, L 状態のほかにハイインピーダンス状態 Z の 3 状態を出力することができる回路である．ハイインピーダンス状態とは，電気的に絶縁された状態をいう．図 4.42 に 3 ステートバッファの回路記号と動作表を示す．

図 4.43 は，制御信号 $A/\overline{B}$ を H 状態にしたとき $A_0 \sim A_3$ を，L 状態にしたとき $B_0 \sim B_3$ を，データバスの $D_0 \sim D_3$ に接続する回路を示している．ここで，信号名"$A/\overline{B}$"は，制御動作を直感的に理解できるように付けた名前（名称）である．複雑なコンピュータ回路では，信号の機能を理解しやすいように，信号に名称が付けられている．L 状態で動作する信号には，"$\overline{信号名称}$"のように，信号名称にアッパーラインが付けられることが多い．また，7 章では，本文やタイミングチャートを理解しやすくするため，立ち下りエッジで動作させる信号もアッパーラインを付している．

▶▶まとめ＆展開◀◀

本章では，①論理回路の基礎事項，②全加算器など，組み合わせ論理回路の設計手順，③フリップフロップやレジスタ，カウンタなど，順序回路の構成や機能について解説した．

①基礎事項のうち，正論理/負論理の考え方は，第5章で算術論理演算ユニットを設計するのに，あるいは，第7章のCPUブロック図を理解するのに必須である．また，②の組み合わせ論理回路で学んだ全加算器とXOR回路，セレクタは，算術論理演算ユニットの構成要素となる．さらに，デコーダは，第7章で機械語命令の解読器として使われている．

演習問題

1. 次の回路をMIL記法で表現せよ．

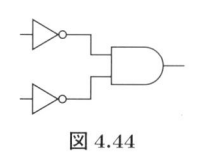

   図 4.44

2. 以下の論理式を，基本論理回路で構成せよ．
   (1) $Y = A + \overline{B}C$ (2) $X = AB + \overline{A}\overline{B}$

3. 図4.45のタイミングチャートは，ある論理回路に入力 A, B, C を加えたときの，出力 Y を示したものである．タイミングチャートから真理値表を求め，さらに，カルノー図表を用いて簡単化された論理式を導出し，それを基本論理回路で構成せよ．

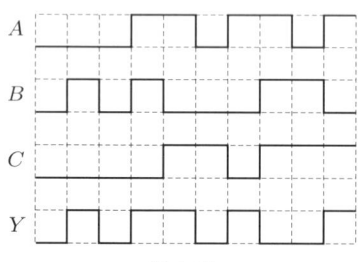

   図 4.45

4. 全加算器を，2個の半加算器と1個のOR回路を組み合わせて構成せよ．
5. 次の各FFの出力Qを求めよ．ただし，Qの初期値は0とする．

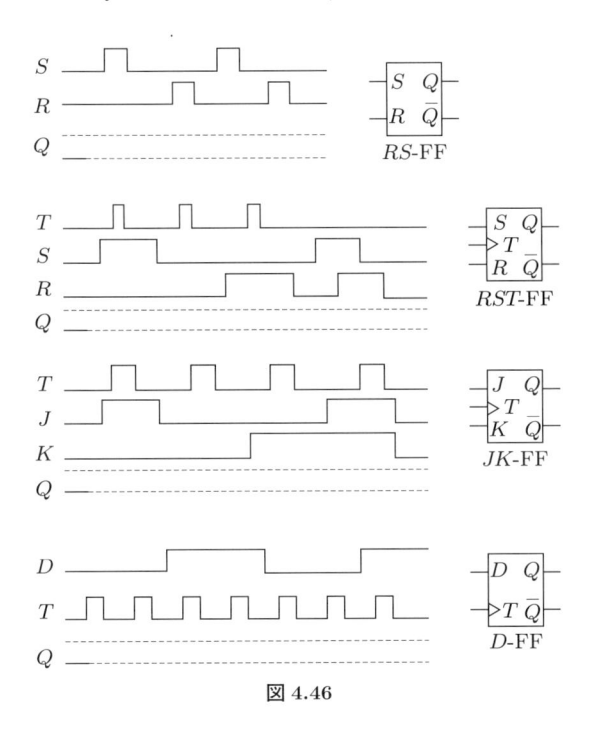

図 4.46

6. 以下の問 (1)(2) に答えよ．ただし，各Qの初期値は0とする．また，各フリップフロップの遅延時間は，クロックパルス入力CLKの幅に比べて無視できるほど短いとする．
　(1) D-FFを接続した図4.47の回路において，タイミングチャートに示すDとCLKが与えられたとき，Q_{ans}の変化を同じタイミングチャート上に描け．

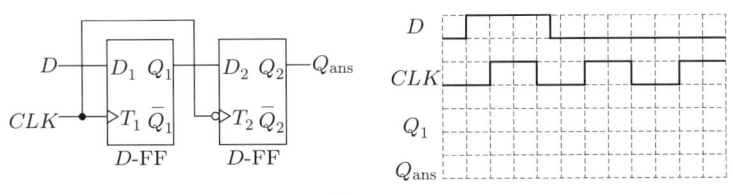

図 4.47

(2) T-FF, JK-FF, D-FF を組み合わせた図 4.48 の回路で，タイミングチャートに示す CLK が与えられたとき，Q_{ans} の変化を同じタイミングチャート上に描け．

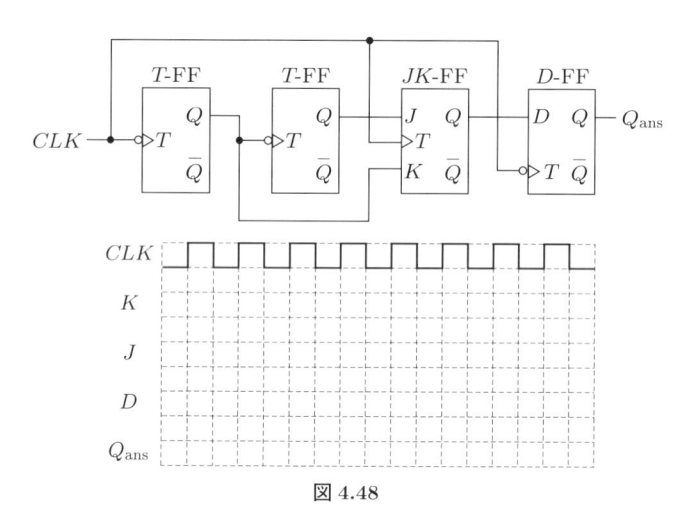

図 4.48

加算器，レジスタ，……すべて AND・OR・NOT の組み合せなんだ！

第 5 章

演算装置

演算装置は，四則演算や論理演算を処理する装置で，算術論理演算ユニット（ALU）のほかに，汎用レジスタ，オーバーフローといった演算結果の状態を保存するフラグレジスタ，シフトレジスタなどから構成される．

本章では，今まで学んできた論理関数や論理回路の知識をもとに，演算装置を構成する基本要素の構造と動作原理を学び，次章の命令セットアーキテクチャ，さらには，制御アーキテクチャに発展させる．

▶▶学習到達目標◀◀
① 組み合わせ論理回路で 16 ビットの ALU を設計できること．
② オーバーフローなど演算結果の状態を判定する回路が設計できること．
③ ビットシフト機能を説明できること．
④ シフトレジスタと加算回路で構成された乗算器の動作を説明できること．

◆5.1 算術加減算回路

最初に，前章で学んだ 1 ビットの全加算器（FA）を 16 個組み合わせた算術加減算回路を取り上げる．

算術加減算とは，符号付き数値の加減算のことをいう．一方，符号なし数値の加減算のことを論理加減算といい，プログラムの中でアドレス計算などに使われる．

（1）算術加算回路

2 進数 16 桁（ビット）の被加数 $(A)_2 = (A_{15}\ A_{14}\cdots\cdots A_1\ A_0)_2$ と加数 $(B)_2 = (B_{15}\ B_{14}\cdots\cdots B_1\ B_0)_2$ の算術加算を取り上げる．

図 5.1 は，加算手順を筆算形式で表現したものである．$C_{16}\ C_{15}\ C_{14}\cdots\cdots C_1$ は，各ビットの加算結果から発生する桁上がりで，$(S_{15}\ S_{14}\cdots\cdots S_1\ S_0)_2$ は加算結果（和）である．

図 5.2 は,図 5.1 を論理回路で実現したもので,各ビットの加算を,それぞれ 16 個の FA で実行する加算回路である.FA の桁上がり出力 C_o は,上位 FA の桁上がり入力 C_i に接続されている.ただし,最下位桁の加算を実行する FA は,桁上がり入力を考えないので $(C_i=0)$,図に示すように C_i は接地(グランドに接続)されている.

最上位 FA からの桁上がりは,1 ビットのデータ(キャリービット:carry bit)として扱われ,加算結果の判定などに利用される.実用コンピュータにおいて,キャリービットは,特別なレジスタに一時保存される.

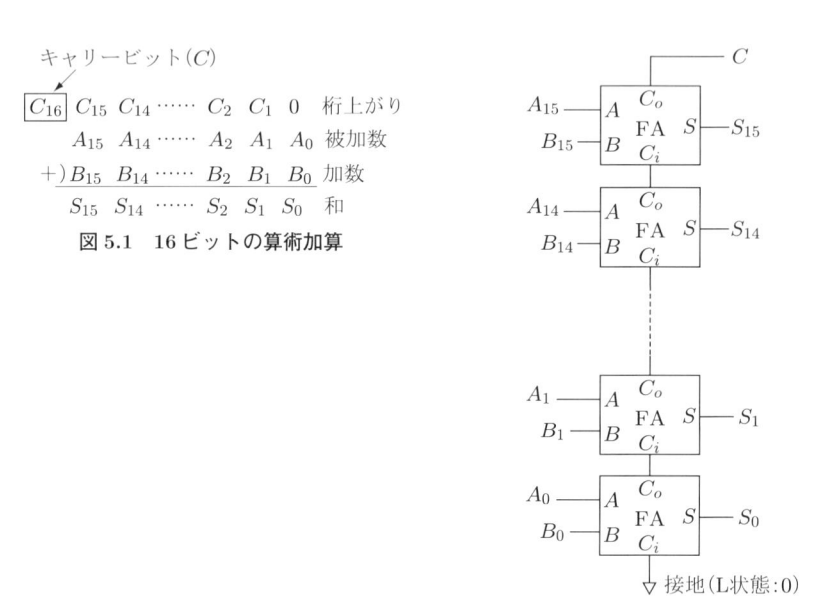

```
           キャリービット(C)
         ↙
    │C₁₆│ C₁₅  C₁₄ …… C₂  C₁  0   桁上がり
          A₁₅  A₁₄ …… A₂  A₁  A₀  被加数
      +)  B₁₅  B₁₄ …… B₂  B₁  B₀  加数
          S₁₅  S₁₄ …… S₂  S₁  S₀  和
```

図 5.1　16 ビットの算術加算

図 5.2　16 ビット算術加算回路

(2) 算術減算回路

次に,図 5.2 の回路に XOR 回路を加えることによって,算術加算と同時に算術減算もできることを示す.

2.2 節で学んだように,負数を 2 の補数で扱うなら,

$$(A)_2 - (B)_2 = (A)_2 + (\overline{\overline{B}})_2 \tag{5.1}$$

のように,減算を加算で置き換えることができる.さらに,2 の補数:$(\overline{\overline{B}})_2$ は,$(\overline{\overline{B}})_2 = (\overline{B}_{15}\ \overline{B}_{14}\cdots\cdots\overline{B}_0)_2 + (1)_2$ であるから

$$(A)_2 - (B)_2 = (A_{15}\ A_{14}\cdots\cdots A_0)_2 + (\overline{B}_{15}\ \overline{B}_{14}\cdots\cdots\overline{B}_0)_2 + (1)_2 \tag{5.2}$$

となる．

式 (5.2) 右辺の計算は，次の手順で実行される (2.2 節を参照のこと)．
① $(B_{15} B_{14} \cdots\cdots B_1 B_0)_2$ をビット反転する．
② 加算を実行する．
③ 加算結果に $+ (1)_2$ する．

上記の①は，図 5.2 の回路で，入力 B_i を XOR 回路で反転させることにより，また，③は，最下位桁の A_0 と B_0 の加算で桁上がり入力 C_i を 1 とすることにより実現される．以下，これら①，③が，どのような回路で実現されるのかを説明する．

まず，ビット反転について考えてみよう．

■ ビット反転動作と XOR 回路

入力 X, B_i に対する XOR 回路の出力 Y は，
$$Y = X \oplus B_i$$
$$= \overline{X} B_i + X \overline{B_i}$$
であるから，
- $X = 0$ のとき，$Y = B_i$
- $X = 1$ のとき，$Y = \overline{B_i}$

となる．よって，XOR 回路の入力 X を 1 に設定したとき，Y には B_i のビット反転 $\overline{B_i}$ が出力される．一方，X が 0 のとき B_i は非反転で，B_i そのままが出力される．

いま，回路図を理解しやすいように，入力 X の名称を $\overline{Sub/Add}$ に置き換える．$\overline{Sub/Add}$ は，0 のとき回路動作として加算 (addition) が，1 のとき減算 (subtraction) が選択されることを意図して名付けた信号名称である．このとき，FA の入力 B に XOR 回路の出力を接続した，図 5.4 の回路は，$\overline{Sub/Add} = 0$ のとき B_i を，$\overline{Sub/Add} = 1$ のとき $\overline{B_i}$ を加算する．

■ 加算結果 $+ (1)_2$ の動作

図 5.5 の回路において，最下位 FA の桁上がり入力 C_i には制御信号 $\overline{Sub/Add}$ が接続されている．したがって，$\overline{Sub/Add} = 1$ が選択されると，XOR 回路で $(B)_2$ がビット反転されると同時に，加算結果も $+ (1)_2$ されるので，結果的に，$(A)_2 + (\overline{B})_2 = (A)_2 - (B)_2$ の減算が実行される．$\overline{Sub/Add} = 0$ のとき，$(B)_2$ は非反転で，最下位桁 FA の桁上がり入力が 0 であるから，$(A)_2 + (B)_2$ の加算が実行されることは明らかである．

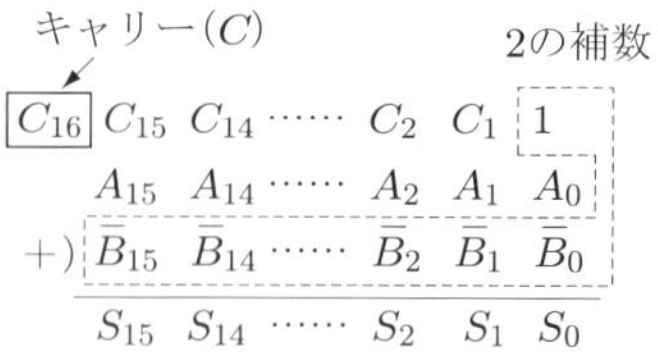

```
  キャリー(C)           2の補数
  ┌───┐                ┌─┐
  │C₁₆│ C₁₅ C₁₄ …… C₂ C₁ │1│
  └───┘                └─┘
        A₁₅ A₁₄ …… A₂ A₁ A₀
    +) B̄₁₅ B̄₁₄ …… B̄₂ B̄₁ B̄₀
        ─────────────────────
        S₁₅ S₁₄ …… S₂ S₁ S₀
```

図 5.3 16 ビットの算術減算

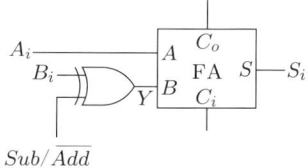

図 5.4 XOR 回路によるビット反転操作

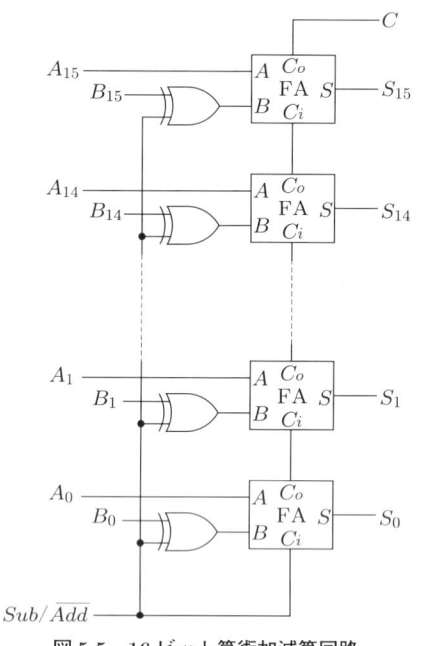

XOR 回路の入出力

入力		出力
Sub/Add	B_i	Y
0	B_i	B_i
1	B_i	$\overline{B_i}$

図 5.5 16 ビット算術加減算回路

よって，図 5.5 は，16 ビットの算術加減算回路を構成する．ここで，$Sub/\overline{Add}$ は減算/加算の選択信号となる．

この節では，符号付き 16 ビット 2 進数を扱う．算術加減算が全加算器と XOR 回路を組み合わせた図 5.5 の回路で実現できることを示した．

符号なし 16 ビット 2 進数に対する論理加減算も，図 5.5 の回路そのままで

実行できる（第5章演習問題1参照）．

◆5.2 ALUの構成
（1）論理演算回路

各ビットごとの論理積，論理和，XOR論理を演算する論理回路の構成を考える．これらの演算は，AND・OR・XOR回路で実行できるが，ここではFAで実行することを考える．

最初に，図5.5の算術加減算回路で，各FA間の桁上がりを切り離し，桁上がり入力 C_i を 0, 1 に設定したとき，それぞれのFAから A_i と B_i の論理演算結果が出力されることを示そう．

式 (4.10) より，$S = A \oplus B \oplus C_i = (A \oplus B)\overline{C_i} + \overline{(A \oplus B)}C_i$ であるから，

- $C_i = 0$ のとき，
$$S = A \oplus B \tag{5.3}$$

また，式 (4.11) より，$C_i = 0$ のときの桁上がり出力 C_o は，
$$C_o = AB + BC_i + C_iA = AB \tag{5.4}$$

- $C_i = 1$ のときは，
$$S = \overline{A \oplus B} \tag{5.5}$$
$$C_o = AB + B + A = A(B+1) + B = A + B \tag{5.6}$$

となる．

表5.1は，式 (5.3) 〜式 (5.6) を整理したものである．図5.6は，この表をもとに構成したビットごとの論理演算回路である．

図5.6の回路は，信号 Set_C_i によってFAの C_i を 0 または 1 に設定し，さらに，3ステートバッファの制御信号 $S/\overline{C_o}$ で S, C_o のいずれかを選択することにより，表5.1に示す A_i と B_i のビットごとの論理演算結果を Y_i に出力する．

次に，図5.6の，FAの桁上がり入力 C_i の前段にセレクタを挿入した，図5.7

表5.1　FAと論理演算

S または C_o	C_i	論理演算
C_o	0	$A \cdot B$
C_o	1	$A + B$
S	0	$A \oplus B$
S	1	$\overline{A \oplus B}$

図 5.6 論理演算の選択

○印：負論理
$S/\overline{C_o}=0$ のとき $Y_i=\overline{C_o}$

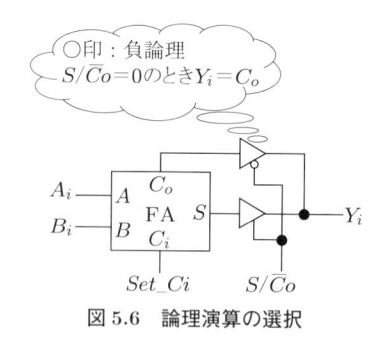

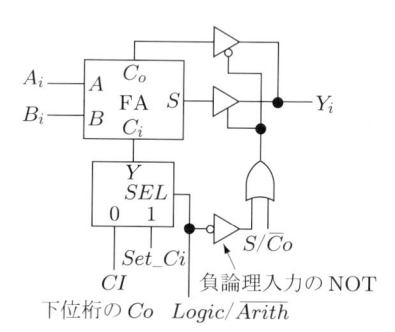

図 5.7 算術加減算と論理演算の選択

下位桁の C_o　$Logic/\overline{Arith}$　負論理入力の NOT

の回路を考える．セレクタの選択信号 $Logic/\overline{Arith}$ が 0 のとき，信号 CI が FA の C_i に接続されるので，CI を下位桁の C_o と接続することにより，算術加減算が実行される．また，負論理入力の NOT 回路と OR 回路を介して，3 ステートバッファが $Y_i=S$ を選択するので，FA は算術加減算結果を出力する．一方，$Logic/\overline{Arith}$ が 1 のときは，信号 Set_C_i が FA の C_i に接続されるので，Set_C_i と $S/\overline{C_o}$ にそれぞれ 0，1 を設定することにより，表 5.1 に示す論理演算が実行される．このように，制御信号 $Logic/\overline{Arith}$ で C_i に接続する信号を切り替えることによって，同じ FA で算術加減算と論理演算の実行を可能にしている．

以上を整理すると，16 ビットの算術論理演算を実行する ALU の基本回路が図 5.8 のように構成される．この図で，$f_2 f_1 f_0$ は，それぞれ信号 $Logic/\overline{Arith}$，$S/\overline{C_o}$，Set_C_i に対応している．NOR 回路は，論理演算が選択されたとき，XOR 回路で入力 B_i が反転されないように挿入されたものである．

表 5.2 算術論理演算と制御信号

f_2	f_1	f_0	演算機能
$Logic/\overline{Arith}$	$S/\overline{C_o}$	Set_C_i	
0	0	0	算術加算
0	1	1	算術減算
1	0	0	ビットごとの論理積
1	0	1	ビットごとの論理和
1	1	0	ビットごとの排他的論理和

5.2 ALUの構成　**85**

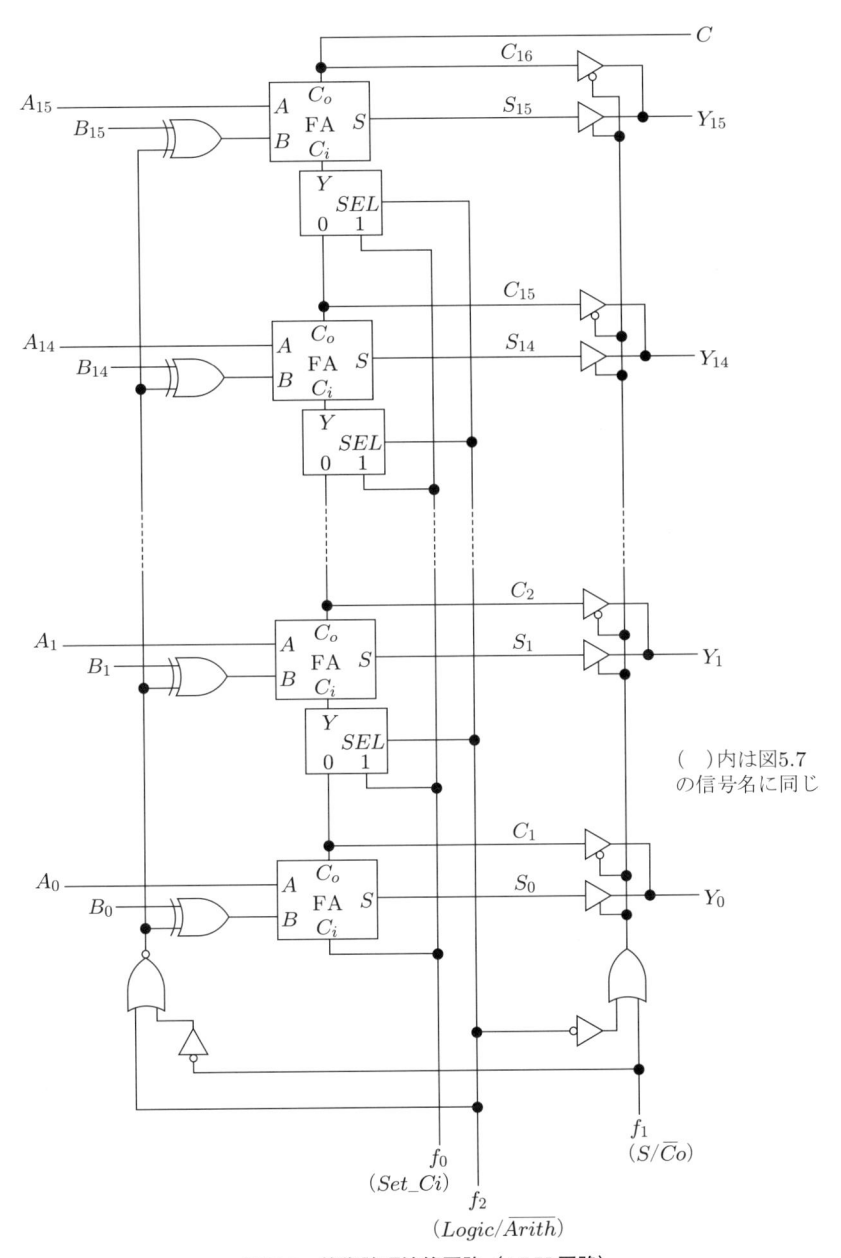

図 5.8 算術論理演算回路（ALU 回路）

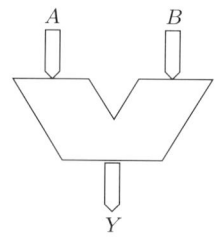

図 5.9 ALU の記号

算術演算で f_1 は B_i の反転/非反転に，f_0 は最下位 FA の C_i を設定するのに利用され，$f_1=0$, $f_0=0$ で加算を，$f_1=1$, $f_0=1$ で減算を実行する．表 5.2 には，算術加減算，ならびに，表 5.1 の論理演算（$\overline{\text{XOR}}$ は除く）を実行する制御信号 $f_2 f_1 f_0$ の条件を示す．

本書では，図 5.8 の回路を ALU とし，図 5.9 の回路記号で表す．

例題 5.1

図 5.8 の回路において，制御信号 $f_2 f_1 f_0$ と $(A)_2$, $(B)_2$ が次の値のとき，$(Y)_2$ には，どのような値が出力されるか．

f_2 f_1 f_0	$(A)_2$	$(B)_2$
1 0 0	$(0001\ 0001\ 0001\ 0001)_2$	$(0000\ 0000\ 1111\ 1111)_2$

解答 表 5.2 より，$f_2=1$, $f_1=0$, $f_0=0$, のとき，図 5.8 の回路は，$(A)_2$ と $(B)_2$ のビットごとの論理積演算を実行し，結果を $(Y)_2$ に出力する．

よって，$(Y)_2 = (0000\ 0000\ 0001\ 0001)_2 = (0011)_{16}$ となる．

◀■

■ 論理否定演算

図 5.8 の回路にて，論理否定を演算する制御信号の条件を，次の例題で考えてみよう．

例題 5.2

図 5.8 の回路において，制御信号 $f_2 f_1 f_0$ と $(B)_2$ が次の値のとき，$(Y)_2$ には，どのような値が出力されるか．

f_2 f_1 f_0	$(B)_2$
1 1 0	全ビット＝1

解答 表 5.2 より，$f_2=1$, $f_1=1$, $f_0=0$ のとき，図 5.8 の回路は，$(A)_2$ と $(B)_2$ のビットごとの XOR 論理演算を実行し，結果を $(Y)_2$ に出力する．
いま，$(A)_2$, $(B)_2$, および，$(Y)_2$ の j ビットを取り上げると，$Y_j = \overline{A_j}B_j + A_j\overline{B_j}$, $B_j=1$ であるから $Y_j = \overline{A_j}$ となる．よって，$(Y)_2$ には，$(A)_2$ のビット反転が出力される．つまり，XOR 論理の制御信号条件で $(B)_2$ の全ビットが 1 のとき，$(Y)_2$ には $(A)_2$ の論理否定が出力される．

◀■

この他に，論理否定は，$\overline{\text{XOR}}$ からも演算される（第 5 章演習問題 2 参照）．

（2） ALU によるインクリメント/デクリメント演算とデータ転送

図 5.8 の ALU で，次の演算処理を考えてみよう．

① インクリメント/デクリメント演算
② データ転送

■ **インクリメント/デクリメント演算**

演算装置には，演算に使うデータや演算結果を一時保存する小規模メモリが備えられている．これを汎用レジスタという．インクリメントは，汎用レジスタの内容を+1するのに，デクリメントは-1するのに使われる．インクリメント/デクリメント演算は，汎用レジスタをソフトウェアカウンタとして扱うことを可能にする，たいへん便利な演算で，実用コンピュータのほとんどすべてに，機械語命令としてインクリメント/デクリメント命令が備えられている．

表 5.3 は，図 5.8 の ALU でインクリメント/デクリメント演算を実現する制御信号の条件である．$(B)_2=0$ のとき，$(A)_2$ がインクリメント/デクリメントされ，$(Y)_2$ に出力される（第 5 章演習問題 4 参照）．

表 5.3 インクリメント/デクリメント演算の制御信号条件

f_2	f_1	f_0	$(B)_2$	演算結果 $(Y)_2$
0	0	1	全ビット＝0	インクリメント
0	1	0	全ビット＝0	デクリメント

■ データ転送

ALU は，算術加減算や論理演算のほかに，メモリから汎用レジスタへのデータ転送，あるいは，汎用レジスタ間のデータ転送にも使われる．ALU は，演算結果の状態（たとえばオーバーフロー）を判定する回路と直結されている．よって，ALU で転送データと 0 とを加算するなら，転送データの零/非零の判定ができる．同じように，正数/負数の判定もできる．

表 5.4 は，算術加算を実現する制御信号の条件である．$(B)_2 = 0$ のとき，$(A)_2$ がそのまま $(Y)_2$ に出力されるので，データ転送が実行されることになる．

表 5.4 データ転送の制御信号条件

f_2	f_1	f_0	$(B)_2$	演算結果 $(Y)_2$
0	0	0	全ビット＝0	$(A)_2$

例題 5.3

表 5.4 のほかに，図 5.8 の回路で，データ転送：$(Y)_2 = (A)_2$ を実行する制御信号 $f_2 f_1 f_0$ と $(B)_2$ の組み合わせを示せ．

[解答] ① $(B)_2$ の全ビットを 0 に設定し，ビットごとの論理和演算を実行したとき，$(Y)_2 = (A)_2$ となる．
② $(B)_2$ の全ビットを 1 に設定し，ビットごとの論理積演算を実行したときも，$(Y)_2 = (A)_2$ となる．

表 5.5 データ転送の制御信号条件（例題 5.3）

	f_2	f_1	f_0	$(B)_2$	備考
①	1	0	1	全ビット＝0	ビットごとの論理和
②	1	0	0	全ビット＝1	ビットごとの論理積

5.3 シフト演算

レジスタの各ビットを右（または左）に移動させるビットシフト操作をシフト演算といい，数値データの倍数計算などに使われる．シフト演算には，算術シフト，論理シフト演算がある．また，それぞれに右シフト，左シフト演算がある．

算術シフト演算では，シフト前後で正/負の符号が変化しないように，符号ビットを除いてシフト操作される．一方，論理シフト演算は，符号ビットも含めてシフトされる．右シフト演算は，レジスタの内容を下位ビット側にシフトする操作で，左シフト演算は，上位ビット側にシフトする操作である．

COMET IIの算術シフト演算では，シフト操作によって空いたビットには次のような値が埋め込まれる（図 5.10）．

① 算術右シフト：シフト前の符号ビットと同じ値
② 算術左シフト：0

シフト演算には，シフトレジスタが使われる．このシフトレジスタのことをシフタという．シフタの具体的な回路構成は割愛するが，概念的には，第4章で説明したシフトレジスタに右/左のシフト方向を制御する論理回路が追加さ

表 5.6　シフト演算の分類

```
シフト演算
├─ 算術シフト ─┬─ 右シフト
│              └─ 左シフト
└─ 論理シフト ─┬─ 右シフト
               └─ 左シフト
```

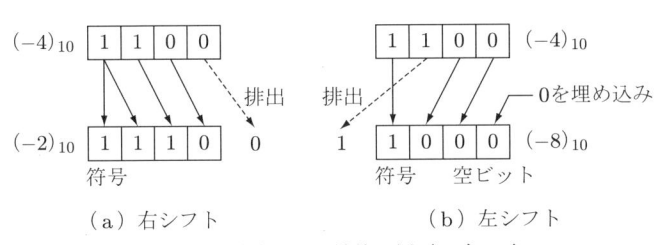

図 5.10　算術シフト演算の例（4ビット）

（a）右シフト　　（b）左シフト

90　第5章　演算装置

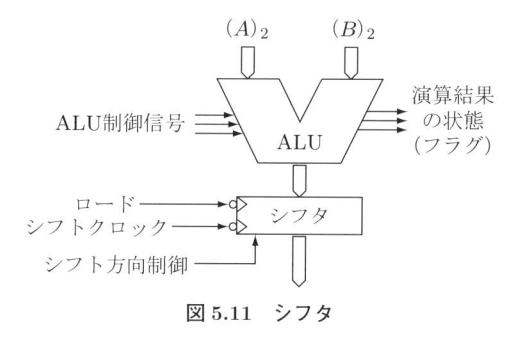

図 5.11　シフタ

れたものと考えればよい．

　図 5.11 は，演算装置内部におけるシフタ配置箇所の一例で，ALU の出力がシフタの入力に接続されている．データ $(A)_2$ をシフトする操作では，まず，ALU の制御信号とデータ $(B)_2$ を，例えば，表 5.4 のデータ転送条件に設定して，データ $(A)_2$ を ALU に出力する．ALU 出力は，ロード信号によってシフタに入力される．その後，シフタはシフト方向制御信号で指定された方向（右/左）にクロックの個数だけデータをシフトする．つまり，シフトクロックの個数がシフト回数となる．

　シフトクロックが入力されない場合，シフタは，ALU の出力を一時保存する，結果レジスタとしての役割を担う．

　以後，ブロック図の中では，複数の信号線で構成されるデータバスやアドレスバスを▽で示す．また，レジスタやカウンタは，図 5.11 のシフタのように，箱形のブロック記号で示す．

例題 5.4

　4 ビットの符号付き 2 進数 $(A)_2 = (1111)_2$ を 2 回だけ算術左シフトした値に，さらに，$(A)_2$ を加算した結果は，どのような値となるか．ただし，算術左シフトは，図 5.10 (b) の操作が施されるものとする．

[解答]　シフトと加算の手順を以下に示す．算術左シフトを実行するつど，シフト前の値が 2 倍される．したがって，2 回の算術左シフト結果に，シフト前の元データを加算した結果は，元データの 5 倍になる．

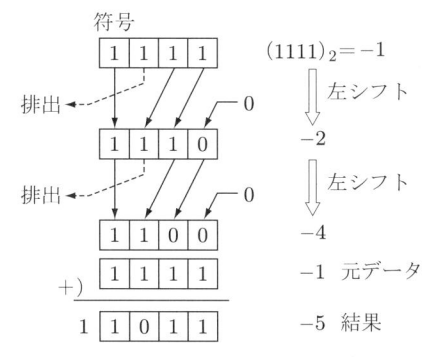

```
        符号
       ┌─┬─┬─┬─┐    (1111)₂ = -1
       │1│1│1│1│        ⇓ 左シフト
排出 ←  └─┴─┴─┴─┘─ 0    -2
       ┌─┬─┬─┬─┐
       │1│1│1│0│        ⇓ 左シフト
排出 ←  └─┴─┴─┴─┘─ 0    -4
       ┌─┬─┬─┬─┐
       │1│1│0│0│        -4
    +) │1│1│1│1│        -1  元データ
       └─┴─┴─┴─┘
      1│1│0│1│1         -5  結果
```

図 5.12 シフト演算による 5 倍計算（例題 5.4）

◆5.4 演算結果の状態判定

実用コンピュータの演算装置には，演算機能のほかに，オーバーフローといった演算結果の状態を判定する機能が備えられている．

ここでは，演算結果の状態として以下を取り上げる．

・オーバーフロー

・正数/負数

・零（ゼロ）/非零

ここで，零は正数として扱う．

① オーバーフローの判定

2.4 節で学んだように，n 桁の符号付き 2 進整数 $(Y)_2$ が取り得る値の範囲は，$-2^{n-1} \leq (Y)_{10} \leq 2^{n-1}-1$ である．加減算結果が，この範囲を超えたとき桁があふれて演算結果にオーバーフローが発生したという．

いま，16 ビットの算術加減算で，加減算結果が $-2^{15} \leq (Y)_{10} \leq 2^{15}-1$ の範囲を超え，オーバーフローが発生したとき，次の論理式の値が 1 となる．

$$\text{OF} = C_{16} \oplus C_{15} \tag{5.7}$$

または，

$$\text{OF} = \overline{A_{15}}\,\overline{B'_{15}}\,S_{15} + A_{15}\,B'_{15}\,\overline{S_{15}} \tag{5.8}$$

ただし，式 (5.7)(5.8) の各変数は，図 5.8 の最上位 FA の入出力とし，加算の場合は $B'_{15} = B_{15}$，減算では $B'_{15} = \overline{B_{15}}$ である．

■ 式 (5.7) の説明

式 (5.1) に従い，減算を加算に置き換えるなら，すべての加減算は，①正数

92 第 5 章　演算装置

> 4ビットの符号付き整数は$(A)_{10}, (B)_{10}$とも$-8 \leq\ \leq 7$の範囲にある.
> ◇演算結果$(Y)_{10}$が, この範囲にあればオーバーフローは発生しない.
> ◆$(Y)_{10} < -8,\ 7 < (Y)_{10}$のときオーバーフローが発生する.

①A, Bの一方が正数で, 他方が負数のときオーバーフローは発生しない.
②A, Bの両方が正数のとき, OF=1になるのは$C_3=1, C_4=0$の場合.

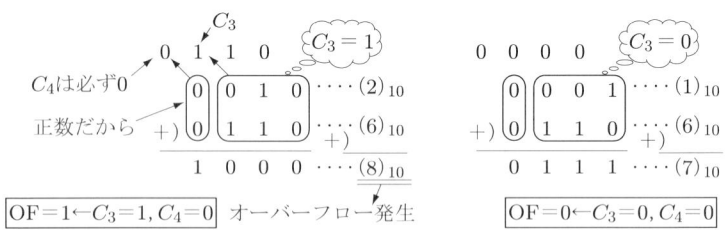

```
                    C_3
                    ↓
              0   1  1   0        C_3 = 1        0  0  0  0       C_3 = 0
C_4は必ず0 ↗ ┌0┐┌0  1  0┐....(2)_10         ┌0┐┌0  0  1┐....(1)_10
正数だから  +)│0││0  1  1│....(6)_10       +)│0││0  1  1│....(6)_10
              └─┘└───────┘                     └─┘└───────┘
              1   0  0   0 ....(8)_10           0  1  1  1 ....(7)_10

         ┌────────────────────┐                ┌────────────────────┐
         │OF=1←C_3=1, C_4=0   │オーバーフロー発生 │OF=0←C_3=0, C_4=0   │
         └────────────────────┘                └────────────────────┘
```

③A, Bの両方が負数のとき, OF=1になるのは$C_3=0, C_4=1$の場合.

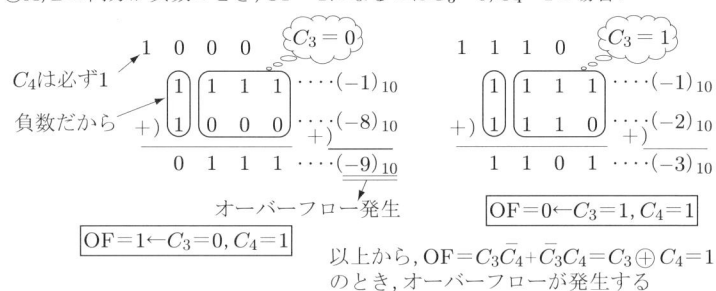

```
              1   0  0   0        C_3 = 0        1  1  1  0       C_3 = 1
C_4は必ず1 ↗ ┌1┐┌1  1  1┐....(-1)_10         ┌1┐┌1  1  1┐....(-1)_10
負数だから  +)│1││1  0  0│....(-8)_10        +)│1││1  1  0│....(-2)_10
              └─┘└───────┘                     └─┘└───────┘
              0   1  1   1 ....(-9)_10          1  1  0  0 ....(-3)_10

                                                ┌────────────────────┐
                                                │OF=0←C_3=1, C_4=1   │
                                                └────────────────────┘
         ┌────────────────────┐
         │OF=1←C_3=0, C_4=1   │
         └────────────────────┘
                               以上から, OF=$C_3 \bar{C_4} + \bar{C_3} C_4 = C_3 \oplus C_4 = 1$
                               のとき, オーバーフローが発生する
```

図 5.13　4ビット-算術加算のオーバーフロー発生条件

と負数の加算, ②正数と正数の加算, ③負数と負数の加算に帰着する.

　このうち, 正数と負数の加算ではオーバーフローが発生することはない. したがって, ②, ③の場合についてオーバーフローが発生する条件を考えればよい. 加数と被加数の両方が正数（ともに符号ビット=0なので$C_{16}=0$）の場合, 加算結果の符号ビット=1のとき負数表現となるのでオーバーフローが発生する. このとき, 符号ビットはC_{15}と等しくなる. 加数と被加数の両方が負数（ともに符号ビット=1なので$C_{16}=1$）の場合は, 加算結果の符号ビット=0のとき正数表現となるのでオーバーフローが発生する. このときも, 符号ビットはC_{15}と等しくなる. 以上, C_{16}, C_{15}が相異なるときOF=1, それ以外は0となるので式(5.7)を得る.

　図5.13は, 4ビットの算術加算を例に, 以上の説明を図で表現したものである.

5.4 演算結果の状態判定

── 例題 5.5 ──

式（5.8）のオーバーフロー判定式を導け．

[解答] 図 5.13 の 4 ビット算術加減算におけるオーバーフロー発生条件の考え方を，16 ビットに拡張すると，次の条件でオーバーフローが発生する．

　　　　①正数どうし（$A_{15}=0$，$B'_{15}=0$）→ $S_{15}=1$
　　　　②負数どうし（$A_{15}=1$，$B'_{15}=1$）→ $S_{15}=0$

また，$A_{15}=0$，$B_{15}=0$ のとき $S_{15}=C_{15}$ となる．同じように，$A_{15}=1$，$B_{15}=1$ のときも $S_{15}=C_{15}$ である．よって，OF は表 5.7 の真理値表のとおりに整理される．
OF を主加法標準形で表すと式（5.8）を得る．

表 5.7　OF の真理値表

A_{15}	B'_{15}	S_{15}	OF
0	0	1	1
1	1	0	1
その他の組み合わせ			0

◀

② 正数/負数の判定

演算結果が，正数であるか負数であるかは，符号ビットの Y_{15} によって判定できる．$Y_{15}=0$ のとき正数，$Y_{15}=1$ のとき負数である．

③ 零/非零の判定

演算結果の零/非零は，演算結果の全ビット $Y_{15} \sim Y_0$ を検査し，すべてのビットが 0 のとき零と判定される．それ以外は非零である．

④ 判定回路

以上を整理すると，図 5.14 に示すような演算結果の状態判定回路が構成される．判定結果は，3 ビットのレジスタに一時保存される．このようなレジスタをフラグレジスタ（flag register）という．図では，フラグ（flag：旗）の各ビットに，OF（overflow flag：オーバーフローフラグ），SF（sign flag：符号フラグ），ZF（zero flag：ゼロフラグ）の名称が付けられている．

演算の結果，オーバーフローが発生したとき OF＝1，負のとき SF＝1，零のとき ZF＝1 が設定される．反対の結果のときは，それぞれ，0 が設定される．

以後の章では，オーバーフローフラグを OF，符号フラグを SF，ゼロフラグを ZF で略記する．

94   第 5 章　演算装置

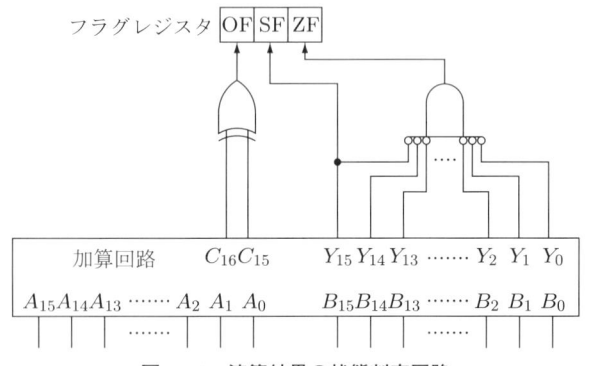

図 5.14　演算結果の状態判定回路

◆ 5.5　乗算器

ここでは，加算回路とシフトレジスタを組み合わせた整数の乗算器を考える．簡単のため，乗数，被乗数ともに 4 ビットの符号なし整数とする．

2.3 節で学んだように，乗算は，部分積の加算とシフトを繰り返すことによって実行される．再度，その計算手順を図 5.15 に示す．この計算手順は，図 5.16 で表されるような，加算回路とレジスタ群で実現される．レジスタ群のうち，A レジスタと M レジスタで構成される AM レジスタは，加算回路のキャリービットを含め，シフトレジスタの機能を備える．

図 5.16 の乗算器は，次に示す動作によって乗算を実行する．

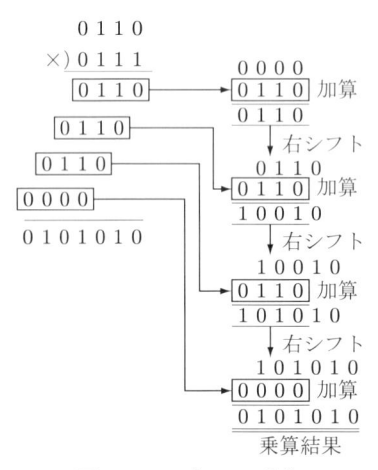

図 5.15　4 ビットの乗算　　　　図 5.16　乗算器の概念図

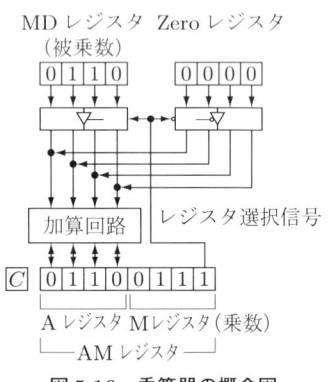

① 最初に，被乗数を MD レジスタに，乗数を M レジスタに設定する．さらに，A レジスタの内容を 0 にクリアする．
② 次に，M レジスタの最下位ビットが 0 なら A レジスタに $(0000)_2$ を加算する．この加算は，Zero レジスタを選択することによって実行される．一方，最下位ビットが 1 のときは A レジスタと MD レジスタを加算する．加算結果は，いずれも A レジスタに格納される．
③ キャリービットを含め，AM レジスタを右に論理シフトする．キャリービットは，AM レジスタの最上位ビットにシフトする．
④ 以上の②，③の動作を 4 回（乗数の桁数）だけ繰り返す．4 回繰り返された後の，AM レジスタの内容が乗算結果となる．

図 5.17 は，$13 \times 12 = (1101)_2 \times (1100)_2$ の乗算を例に，①〜④の動作を，レジスタの内容で表したものである．

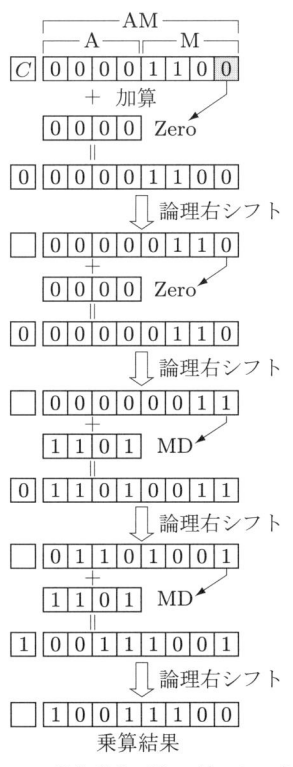

図 5.17 乗算動作（各レジスタの内容）

▶▶まとめ & 展開◀◀

本章では，①CPU の中核をなす ALU，②演算結果の状態を判定するフラグ回路，③ビットシフト操作を実行するシフタ，ならびに，④乗算回路について解説してきた．

ここで学んだ①，②，③の内容は，次の第6，7章に直接関係する．とくに，フラグレジスタは，第6章の機械語命令やアセンブリプログラムを理解するのに必須である．

演習問題

1. 図 5.5 の回路そのままで 16 ビットの論理減算が実行できることを示せ．
2. 図 5.8 の回路で，$(Y)_2 = \overline{(B)}_2$ が出力されるように，制御信号と $(A)_2$ の条件を求めよ．
3. 図 5.8 の回路において，制御信号 $f_2\,f_1\,f_0$ と $(A)_{16}$，$(B)_{16}$ が次の値のとき，①〜③は，どのような値となるか．16 進数で答えよ．

表 5.8

f_2 f_1 f_0	$(A)_{16}$	$(B)_{16}$	$(Y)_{16}$
0 0 0	$(AAAA)_{16}$	$(0000)_{16}$	①
1 0 0	$(8888)_{16}$	$(F0F0)_{16}$	②
1 1 0	$(AAAA)_{16}$	$(FFFF)_{16}$	③

4. 図 5.8 の回路で，制御信号の条件が表 5.3 のとき，インクリメント/デクリメント演算が実行されることを説明せよ．
5. 図 5.8 の回路で，論理加減算を実行させたときの，オーバーフローの判定条件を示せ．

ALU とフラグ，理解できた？
自信なければ，4 章から復習しよう．

第 6 章

命令セットアーキテクチャ

　命令セットとは，機械語命令一覧（集合）のことをいい，その設計思想（アーキテクチャ）は，コンピュータのハードウェア構造と密接な関わりがある．本章では，独立行政法人・情報処理推進機構の基本情報技術者試験で取り上げられている，仮想コンピュータ COMET II の命令セットが，どのような形式と仕様で構成されているかを具体的に学び，次章で，COMET II の命令セットのもとで動作する制御装置を設計する．

▶▶学習到達目標◀◀
① COMET II のハードウェア仕様を説明できること．
② COMET II の各命令を 2 進符号の機械語で記述できること．
③ 実効アドレスの役割を説明できること．
④ 実効アドレスの指定方式（アドレッシング）を説明できること．
⑤ 与えられた命令の実効アドレスを計算できること．
⑥ COMET II の各機械語命令の内容と，命令実行によって各レジスタの内容がどのように変化するかを説明できること．
⑦ アセンブリ言語で記述されたプログラムの流れを追跡できること．

■ 本章の位置付け

本論に入る前に，この章の位置づけを明確にしておく．

本書では，COMET II の CPU 設計を通してコンピュータが動作する仕組みを理解することにある．第 1 章で述べたように，CPU は，演算装置と制御装置で構成される．このうち，四則演算や論理演算を実行する演算装置については，第 5 章で ALU を中心に，基本回路を設計しながら機能と動作を解説した．一方の制御装置については，次の第 7 章で装置の基本構成を設計する．その制御装置には，次のような役割が課せられている．

① 2 進符号の機械語命令をメモリから読み出す．
② 2 進符号を解読して，命令の種類と操作データの格納場所といった命令

内容を特定する．

③ 特定された情報をもとに，ALU やメモリの制御，あるいは，命令実行順序を制御する．

以上の①～③を繰り返すことによってプログラムが実行される．制御装置に，この①～③の動作を実行させるには，機械語命令に，命令の種類と操作データ格納場所を，命令形式という決められたルールのもとに指定することが必要である．また，機械語命令の実行によって，レジスタの内容や ALU 制御信号といったコンピュータ内部の情報をどのように操作するかの仕様も制御装置の設計には必要である．

本章では，次章の制御装置設計に必要な COMET II の機械語命令の
- 命令形式
- 各命令の実行動作内容（機能）

について解説する．

最初に，COMET II のハードウェア仕様を取り上げる．

◆ 6.1 COMET II のハードウェア仕様

本節では，情報処理推進機構のホームページで示されている COMET II のハードウェア仕様について述べる．COMET II は，仕様が提示されているだけの，実体のない仮想コンピュータである．

① COMET II はノイマン型のコンピュータである．
② 1 語は 16 ビットで，そのビット構成は，図 6.1 のとおりである．
③ メモリの容量は，65536 語で，そのアドレス範囲（空間）は 0 ～ 65535 番地である．16 進数で表現すると，$(0000)_{16}$ ～ $(FFFF)_{16}$ 番地である．
④ 数値は，16 ビットの 2 進数で表現する．負数は，2 の補数で表現する．
⑤ 命令は 1 語または 2 語で構成され，それぞれ，1 語長命令，2 語長命令という．
⑥ レジスタとして，GR（16 ビット），SP（16 ビット），PC（16 ビット），

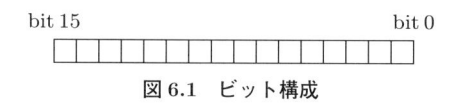

bit 15　　　　　　　　　　　　　　　　　bit 0

図 6.1　ビット構成

FR（3ビット）の4種類を備えている．レジスタとは，CPUに内蔵された，メモリよりも高速にアクセスできる小規模のメモリである．

- GR（汎用レジスタ：general register）には，GR0〜GR7の8個があり，算術，論理，比較，シフトなどの演算に用いる．GRには，次のような4ビットの2進符号を割り振る．この符号によって8個のGRを識別する．

表 6.1　汎用レジスタの識別符号

GR0	GR1	GR2	GR3	GR4	GR5	GR6	GR7
0000	0001	0010	0011	0100	0101	0110	0111

- SP（スタックポインタ：stack pointer）は，スタック領域の最上段のアドレスを保持する．スタック領域とは，レジスタの待避用に割り振られたメモリ領域のことである．

- PC（プログラムカウンタ：program counter）は，次に実行すべき命令語の先頭アドレスを保持する．情報処理推進機構の仕様書では，プログラムレジスタ（PR：program register）の用語が使われている．

- FR（フラグレジスタ）は，第5章で述べたフラグと同じOF，SF，ZFの，3個のフラグで構成される．ビットの配列構成は，最上位ビットから，OF，SF，ZFの順である．フラグレジスタは，演算命令などの結果によって，その状態が変化する（例：表6.2）．

⑦　論理加算または論理減算は，被演算データを符号のない数値とみなして，加算または減算する．

表 6.2　加減算命令の結果とフラグレジスタの値

フラグ		算　術		論　理
OF オーバーフロー	0	$-32768 \sim 32767$	0	$0 \sim 65535$
	1	上記以外	1	上記以外
SF 正／負	0	正（零を含む）：符号ビット = 0		
	1	負：符号ビット = 1		
ZF 零／非零	0	非零		
	1	零（全ビットが0）		

例題 6.1

(1) $(FFFF)_{16}$ を算術 10 進数と論理 10 進数で表せ．
(2) $(0000)_{16} - (FFFF)_{16}$ の減算を算術演算で実行したときの，OF の値を示せ．
(3) $(0000)_{16} - (FFFF)_{16}$ の減算を論理演算で実行したときの，OF の値を示せ．

解答 (1) 算術 10 進数では -1，論理 10 進数では 65535 となる．
(2) $(0000)_{16} - (FFFF)_{16}$ を算術 10 進数で計算すると，$0 - (-1) = 1$ である．表 6.2 から OF = 0 が設定される．
(3) $(0000)_{16} - (FFFF)_{16}$ を論理 10 進数で計算すると，$0 - (65535) = -65535$ となるので，OF = 1 が設定される．

以上の仕様をもとに，COMET II のハードウェア構成をイメージ化したものが図 6.2 である．ハードウェア構成については，次章で詳しく説明するので，ここでは，イメージ図を示すにとどめる．

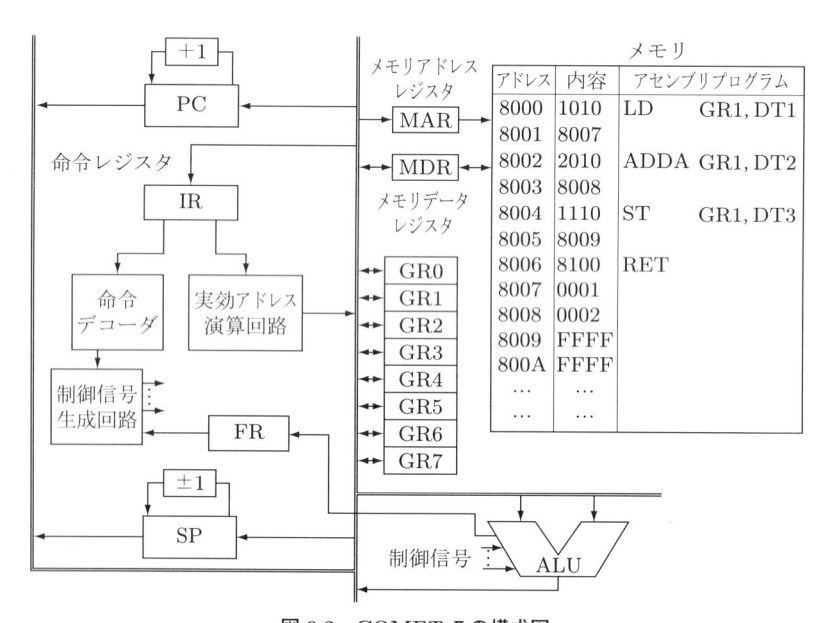

図 6.2　COMET II の構成図

◆ 6.2 命令の形式

ノイマン型コンピュータは，メモリのプログラム領域から機械語を順次，1語ずつ読み出し，そこに書き込まれている，①命令の種類と，②命令操作対象を解読し，所定の操作を実行する．この命令操作対象のことをオペランド（operand）という．

機械語命令は，オペレーションコード（OPコード）とオペランドの二つのフィールドで構成される．OPコードフィールドには，命令の種類を指定する2進符号の情報が割り振られる．オペランドフィールドには，命令操作対象であるオペランドが格納されているメモリアドレス（オペランドアドレス）やレジスタ識別符号（番号）が指定される．特別な場合には，オペランド自体が指定される．何も操作しない命令のNOP（no operation：無操作）命令などを除き，基本的に，命令は"OPコード"+"オペランド"の形式で表現される．

OPコード	第1オペランド	第2オペランド	第3オペランド
OPコードフィールド	オペランドフィールド		

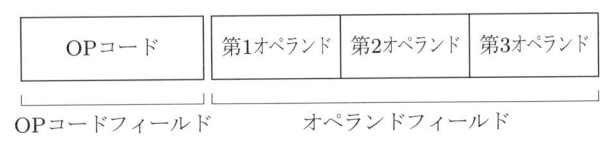

図 6.3　命令形式

次に，2項演算を例にしてオペランドの数について考えてみよう．

（1） オペランドの数

例えば，2進数の加算：$(Y)_2 = (A)_2 + (B)_2$ の命令では，加算を指定するコードがOPコードフィールドに設定され，オペランドフィールドには被加数 $(A)_2$ と加数 $(B)_2$ の取り出し先，ならびに，加算結果 $(Y)_2$ の格納先がメモリアドレスやレジスタ番号で指定される．命令操作で使われる元データの取り出し先をソースオペランド（source operand），格納先をディスティネーションオペランド（destination operand）という．加算のような2項演算では，3個のオペランドを必要とする．しかし，ディスティネーションオペランドを片方のソースオペランドと同じにするなら，加算結果の格納によって元データは失うが，オペランド2個の命令形式となり，命令語の長さ（命令長）を短くすることができる．また，アキュムレータ（accumulator）という，オペランドには明示されない，特別なレジスタを片方のソースオペランドとするなら，オペランド1個だけの命令形式とすることもできる．

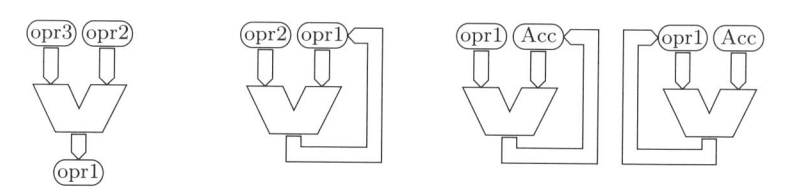

(a) 3オペランド命令　　(b) 2オペランド命令　　(c) 1オペランド命令
opr：オペランド　　Acc：アキュムレータ

図 6.4　命令形式とオペランド個数

（2）オペランドの種類

メモリのアドレス空間と比較して，レジスタ数は限られているので，オペランドをレジスタで指定するなら，オペランドフィールドのビット幅を短くすることができる．多くの CPU では，レジスタとメモリを組み合わせた命令形式が採用されている．命令長の短縮は，メモリの節約のみならず，ハードウェア構造も簡略化できるメリットがある．しかし，ソフトウェア機能が限定されるというデメリットもある．

（3）COMET II の命令形式と命令セット

COMET II では，命令形式が図 6.5 のように，命令セットが表 6.3 のように構成されている．以下では，図 6.5 と表 6.3 をもとに，COMET II の命令形式について述べる．

① 命令語長

COMET II には，1 語長命令と 2 語長命令がある．いずれの命令においても 1 語目の上位バイトには OP コードが，下位バイトには汎用レジスタがオペランドとして割り振られる．2 語目にはアドレスが割り振られる．レジスタ間のみでデータを操作する"レジスタ間操作命令"は 1 語のみで命令が構成さ

```
           第1語                          第2語
   15  12 11  8 7   4 3   0  15                     0
  ┌─────┬─────┬─────┬─────┬───────────────────────┐
  │主OP │副OP │ r/r1│ x/r2│          adr          │
  │コード│コード│     │     │                       │
  └─────┴─────┴─────┴─────┴───────────────────────┘
   └─── 第1オペランド ───┘└──── 第2オペランド ────┘
  └─ OPコードフィールド ─┘└──── オペランドフィールド ────┘
                  レジスタ間の操作：r1, r2
                  レジスタとメモリ間の操作：r, adr [, x]
```

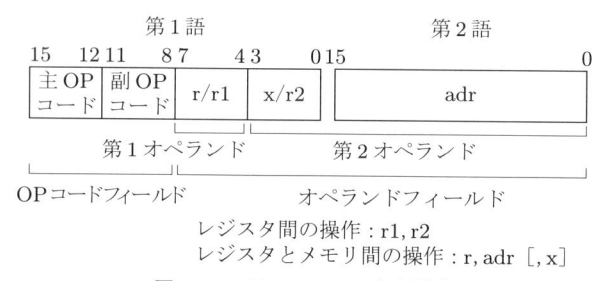

図 6.5　COMET II の命令形式

6.2 命令の形式

表 6.3 COMET II の命令セット

(*1): OP コードは 16 進数
(*2): 指定されないことを示す
(*3): [ ] 内が省略できることを示す

種類	命令		機械語				命令語長	命令の内容
			第 1 語			第 2 語		
			8 ビット	4 ビット	4 ビット	adr		
	ニーモニック	オペランド	OPコード(*1)	r/r1	x/r2	(アドレス)		
無操作	NOP	−(*2)	0	0	−	−	1	no operation
データ転送	LD	r,adr [,x](*3)	1	0			2	load
	ST	r,adr [,x]	1	1			2	store
	LAD	r,adr [,x]	1	2			2	load address
	LD	r1,r2	1	4		−	1	load
算術論理加減算	ADDA	r,adr [,x]	2	0			2	add arithmetic
	SUBA	r,adr [,x]	2	1			2	subtract arithmetic
	ADDL	r,adr [,x]	2	2			2	add logical
	SUBL	r,adr [,x]	2	3			2	subtract logical
	ADDA	r1,r2	2	4		−	1	add arithmetic
	SUBA	r1,r2	2	5		−	1	subtract arithmetic
	ADDL	r1,r2	2	6		−	1	add logical
	SUBL	r1,r2	2	7		−	1	subtract logical
論理演算	AND	r,adr [,x]	3	0			2	and
	OR	r,adr [,x]	3	1			2	or
	XOR	r,adr [,x]	3	2			2	exclusive or
	AND	r1,r2	3	4		−	1	and
	OR	r1,r2	3	5		−	1	or
	XOR	r1,r2	3	6		−	1	exclusive or
比較	CPA	r,adr [,x]	4	0			2	compare arithmetic
	CPL	r,adr [,x]	4	1			2	compare logical
	CPA	r1,r2	4	4		−	1	compare arithmetic
	CPL	r1,r2	4	5		−	1	compare logical
シフト演算	SLA	r,adr [,x]	5	0			2	shift left arithmetic
	SRA	r,adr [,x]	5	1			2	shift right arithmetic
	SLL	r,adr [,x]	5	2			2	shift left logical
	SRL	r,adr [,x]	5	3			2	shift right logical
分岐	JMI	adr [,x]	6	1	−		2	jump on minus
	JNZ	adr [,x]	6	2	−		2	jump on non zero
	JZE	adr [,x]	6	3	−		2	jump on zero
	JUMP	adr [,x]	6	4	−		2	unconditional jump
	JPL	adr [,x]	6	5	−		2	jump on plus
	JOV	adr [,x]	6	6	−		2	jump on overflow
スタック操作	PUSH	adr [,x]	7	0	−		2	push
	POP	r	7	1	−	−	1	pop
コールリターン	CALL	adr [,x]	8	0	−		2	call subroutine
	RET	−	8	1	−	−	1	return from subroutine
その他	SVC	adr [,x]	F	0	−		2	supervisor call

れる．メモリに格納されているデータとのアクセスを伴う，"レジスタ・メモリ間操作命令"では2語目にアドレスを設定する．この場合，命令は2語で構成される．

② OPコード

COMET IIの命令は，以下のようなグループに分類される．

- データ転送命令
- 算術論理加減算命令
- 論理演算命令
- 比較命令
- シフト演算命令
- 分岐命令
- スタック操作命令
- コール・リターン命令
- その他の命令
- 無操作命令

これらの命令グループを識別するコードが，OPコードの上位4ビットに割り振られている．下位4ビットには，命令の内容に応じたコードが副OPコードとして割り振られている．CPUは，メモリに格納された2進符号の機械語コードから，OPコードを取り出し，デコードすることによって命令の操作内容を解読する．

③ オペランド

図6.5をもとに，COMET IIのオペランドについて説明する．

■ レジスタ間操作命令

r1がディスティネーションオペランドとして割り振られる．2項演算では，r1が一方のソースオペランドとして使われる．例えばr1の内容（r1）と，r2の内容（r2）との加算結果は，r1に格納される．r1，r2ともに汎用レジスタGR0〜GR7を指定する．

以後，（　）は，レジスタあるいはメモリの内容であることを示す．例えば，(GR0) は，GR0の内容を意味する．

■ レジスタ・メモリ間操作命令

図6.5のxは，指標レジスタ（index register）といい，2語目に (x) を加えた値が命令操作対象を格納するアドレスとして選択される．このようなアド

レスのことを実効アドレス（EA：effective address）という．

レジスタ・メモリ間操作命令では，実効アドレスとレジスタ間の命令操作を実行する．r には，GR0 〜 GR7 が，x には GR0 を除く GR1 〜 GR7 の汎用レジスタが指定される．

◆6.3　アドレス指定（アドレッシング）

実効アドレスを指定することをアドレス指定，あるいはアドレッシングという．アドレス指定にはさまざまな方式がある．このアドレス指定方式のことをアドレッシングモードともいう．ここでは，COMET II に限定せずに，一般的なアドレス指定方式のうちの代表的なものを示す．

① 直接アドレス指定方式

オペランドのアドレス部（以後，adr 部と略す）に，直接，実効アドレスを指定する．

② 間接アドレス指定方式

adr 部に指定されたアドレス（参照アドレスという）に，実効アドレスを指定する．参照アドレスの内容をプログラムで変更できるため，プログラムの自由度が増す．

```
アドレス指定方式
├─ 直接アドレス
├─ 間接アドレス
├─ レジスタ修飾アドレス
│   ├─ 指標アドレス
│   ├─ PC 相対アドレス
│   ├─ 基底アドレス
│   ├─ ………
│   └─ ………
└─ 即値アドレス
```

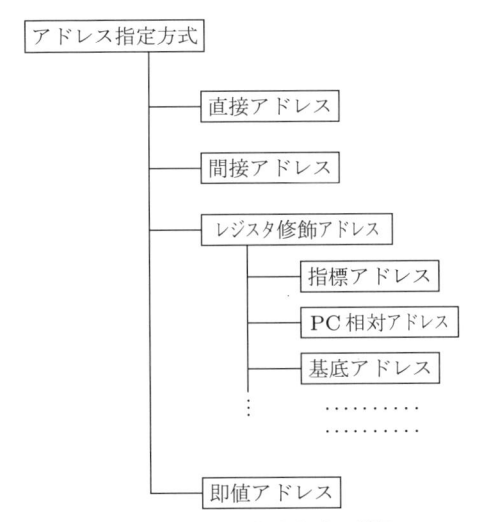

図 6.6　アドレス指定方式の種類

③ **指標アドレス指定方式**

インデックスアドレス指定方式ともいわれ，adr 部に指定されたアドレスと指標レジスタの内容を加えた値を実効アドレスとする．COMET II のレジス

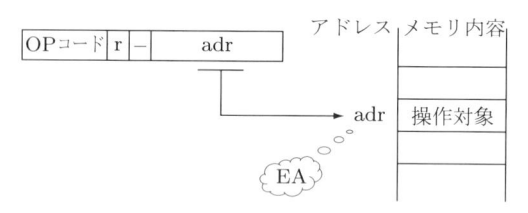

(a) 直接アドレス

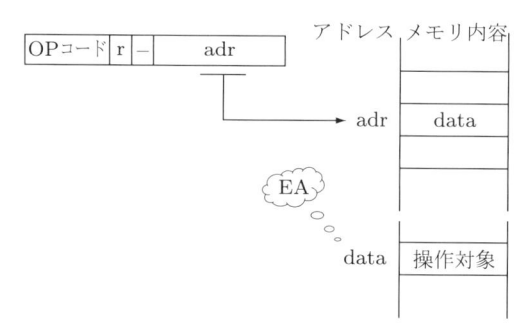

(b) 間接アドレス

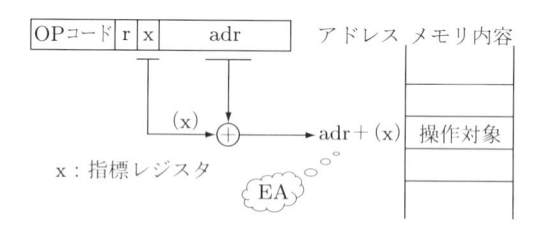

(c) 指標アドレス

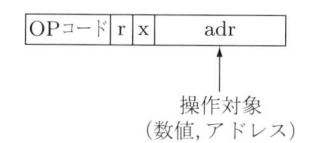

(d) 即値アドレス

図 6.7　アドレス指定方式

タ・メモリ間操作命令では，このアドレス指定方式によって実効アドレスが指定される．

④ **PC 相対アドレス指定方式**

プログラムカウンタの内容に，adr 部に指定されたアドレスを加え，これを実効アドレスとする．

⑤ **基底アドレス指定方式**

基底レジスタに格納されている内容に，adr 部に指定されたアドレスを加え，これを実効アドレスとする．補助記憶装置からメモリにプログラムを移す際に，OS が基底レジスタにプログラムの先頭番地を渡せば，基底レジスタを使って実効アドレスを求めることができる．

⑥ **即値アドレス指定方式**

イミーディエイト（immediate）アドレス指定方式ともいう．adr 部がそのまま命令操作対象になるもので，アドレスではなく定数（即値）を扱う．

この他にも，さまざまなアドレス指定方式がある．一般に，CPU は複数のアドレス指定機能を備えている．アドレス指定方式の種類が多いほど，ソフトウェア機能は向上するが，ハードウェア構成が複雑になる．

◆ 6.4 機械語命令とアセンブラ

(1) **ニーモニックと機械語**

コンピュータには多くの命令があるので，機械語命令を 0 と 1 の 2 進符号を，そのままで記憶するのは容易ではない．そこで，命令の内容を記憶しやすい英単語の形で表す表記法が望まれる．例えば，1000 番地の内容をレジスタ GR0 に転送する命令を「Load GR0, 1000」という形式で表現できれば命令の記憶は容易になる．さらに，"Load" を略記し，"LD" のような表意記号（ニーモニック：mnemonic）を使うなら，一層，記憶は容易になる．例えば，CASL Ⅱ における，LD r, adr[,x] の "LD" は，「Load」を意味し，即座にデータ転送が思い浮かぶであろう．同じように，SUBA r, adr[,x] の "SUBA" は，「SUBtract Arithmetic」の略記であり，このニーモニックから，算術減算命令を連想するであろう．

(2) **アセンブリ言語**

アセンブリプログラムは，ニーモニックで表された機械語命令，ラベル，プログラムの先頭を定義する START や，終わりを定義する END などの制御命

令を使ったアセンブリという言語で作成される．CPU が解読できるのは機械語なので，アセンブリ言語で記述されたプログラム（ソースプログラム）を機械語プログラムに翻訳する処理が必要である．この翻訳処理作業のことをアセンブル（assemble），翻訳ソフトウェアをアセンブラ（assembler）という．

CPU が異なると，機械語命令も異なる．したがって，アセンブリ言語は，CPU それぞれに提供されている．

（3）機械語への変換（COMET II）

表 6.3 と図 6.5 を参照して，ニーモニックで表された命令を機械語に手作業で変換する手順を例で示す．この作業のことをハンドアセンブルといい，大半のプログラムをアセンブリ言語で開発していた時代には，コンピュータ技術者の誰もが経験した作業である．

以下，数値の先頭に付けられた # は 16 進数表示であることを示す．

【例】 LD GR0, GR1

この命令は，レジスタ間データ転送命令で，表 6.3 の LD r1, r2 に対応する．第 1 オペランドの GR0，第 2 オペランドの GR1 は，表 6.1 から，GR0 = #0，GR1 = #1 と設定する．OP コードは，表 6.3 から #14 となる．レジスタ間操作命令であるから，第 2 語のアドレス部は不要である．よって，機械語は #1401 の 1 語となる．

【例】 LD GR0, #8500, GR7

レジスタとメモリ間のデータ転送命令で，OP コードは #10 である．指標レジスタ x は GR7，アドレス部は #8500 である．第 1 語は #1007，第 2 語は

```
LD    GR0, DT1
ADDA  GR1, DT2
ST    GR1, DT
RET
```

アセンブラ
機械語に翻訳

```
0001 0000 0001 0000
1000 0000 0000 0111
0010 0000 0001 0000
･･･････
```

ソースコード　　　　　　　　　　　　　　オブジェクトコード

図 6.8　機械語への変換

6.4 機械語命令とアセンブラ

表 6.4 レジスタ間データ転送命令の機械語

命令語	機械語	第1語 OPコード 主	副	r1 GR0	r2 GR1	語長
LD GR0, GR1	#1401	#1	#4	#0	#1	1

アドレス部で #8500 の，2 語長命令である．

表 6.5 レジスタ・メモリ間データ転送命令の機械語

命令語	機械語	第1語 OPコード 主	副	r GR0	x GR7	第2語 adr	語長
LD GR0, #8500, GR7	#1007 #8500	#1	#0	#0	#7	#8500	2

【例】 LD GR0, #8500

この命令は，指標レジスタが省略された，レジスタ・メモリ間転送命令である．指標レジスタが省略された場合，ここでは，x に #0 を設定することとする．機械語は，次の表に示す通りである．第2語はアドレス部で #8500 となる．

表 6.6 レジスタ・メモリ間転送命令の機械語（指標レジスタ：省略）

命令語	機械語	第1語 OPコード 主	副	r GR0	x −	第2語 adr	語長
LD GR0, #8500	#1000 #8500	#1	#0	#0	#0	#8500	2

【例】 ADDA GR2, #8500, GR5

レジスタ・メモリ間の算術加算命令で，OP コードは #20 である．機械語は次の表に示す通りである．

表 6.7 算術加算命令の機械語

命令語	機械語	第1語 OPコード 主	副	r GR2	x GR5	第2語 adr	語長
ADDA GR2, #8500, GR5	#2025 #8500	#2	#0	#2	#5	#8500	2

【例】 JMI #8500, GR5

分岐命令では，第 1 オペランドは指定されない．第 1 オペランドが指定されない場合，ここでは #0 を設定することとする．

表 6.8　分岐命令の機械語

命令語	機械語	第 1 語				第 2 語	語長
		OP コード		–	x	adr	
		主	副	–	GR5		
JMI　#8500, GR5	#6105　#8500	#6	#1	#0	#5	#8500	2

【例】 複数命令の機械語

複数の命令に対しては，命令の順序に従って機械語がメモリに順次，記憶される．次の例で，命令語長とアドレスに注目されたい．

表 6.9　複数命令の機械語

命令語	アドレス	機械語	第 1 語				第 2 語	語長
			OP コード		r1	r2	adr	
			主	副	r	x		
LAD　GR0, #7777	#8000	#1200　#7777	#1	#2	#0	#0	#7777	2
LD　 GR1, GR0	#8002	#1410	#1	#4	#1	#0	–	1
ST　 GR1, #8500	#8003	#1110　#8500	#1	#1	#1	#0	#8500	2

◆ 6.5　アセンブリ言語 CASL II の仕様

次節では，COMET II のアセンブリ言語である，CASL II で簡単なプログラムを作成しながら，コンピュータの動作で重要な役割を担っている，プログラムカウンタやフラグレジスタ，スタックポインタなどの機能を学ぶ．本節では，その準備として CASL II の仕様のうち，次節の説明で必要な部分を取り上げる．

以下の説明で頻出する，汎用レジスタ，実効アドレス，プログラムカウンタ，フラグレジスタ，スタックポインタは，それぞれ，GR，EA，PC，FR，SP で略記する．また，FR の各フラグも，今までのとおり，OF，SF，ZF で略記する．

6.5 アセンブリ言語 CASL II の仕様

(1) 命令の記述形式

命令は，行の 1 文字目から，次に示す形式で記述する．1 命令は 1 行で記述し，次の行に継続できない．

　　　　　［ラベル］□ ニーモニック □ オペランド［□；コメント］

［ラベル］と［□；コメント］部分は省略できる．オペランドは，命令によっては省略される．□は空白（スペース），または，Tab（タブ）を示す．

ラベルは，その命令の先頭アドレスを他の命令やプログラムから参照するための名前である．長さは 1 ～ 8 文字で，先頭文字は英大文字でなければならない．先頭以外は，英大文字または数字のいずれでもよい．なお，予約語である GR0 ～ GR7 は，ラベルとして使用できない．

(2) 命令の種類

CASL II の命令には，①機械語命令，②アセンブラ制御命令（START，END，DS，DC），および，③マクロ命令（IN，OUT，RPUSH，RPOP）がある．

機械語命令は，表 6.3 のニーモニックで表される COMET II の命令のことで，プログラムはこの機械語命令を組み合わせて作成される．

アセンブラ制御命令は，アセンブルを指示する命令で，プログラムの先頭と末尾を指定する START，END 命令，メモリ領域を確保する DS 命令，定数を設定する DC 命令の 4 種類がある．

マクロ命令は，複数の機械語命令を組み合わせることによって定義された命令で，CASL II では入力装置から文字データを読み込む IN 命令，文字データを出力装置に書き出す OUT 命令，GR1 ～ GR7 の内容をスタック領域に格納する RPUSH 命令，RPUSH 命令とは逆に，スタック領域の内容を GR1 ～ GR7 に転送する RPOP 命令の 4 種類が定義されている．以後，レジスタへのデータ転送を"ロード"と表現する．

本書では，マクロ命令には触れないので説明を省略する．また，機械語命令は次節にて詳説するので，ここでは，アセンブラ制御命令についてのみ説明する．

(3) アセンブラ制御命令

■ **START 命令と END 命令**

START 命令は，プログラムの先頭を定義する．命令の実行開始番地は，そのプログラム内で定義されたラベルで指定する．指定がある場合はその番地か

ら，省略した場合は START 命令の次から，実行を開始する．プログラムの終わりは END 命令で定義する．

本書では，実行開始番地の指定は省略し，

   SAMPLE START
         LD   GR0, GR1
         －－－－－－－
         －－－－－－－
         END

のように記述する．この例では，LD GR0, GR1 から命令実行を開始する．

なお，本章の例題，章末の演習で示すプログラムは，#8000 番地からプログラムメモリに記憶されるものとする．

■ **DS 命令**

DS 命令は，指定した語数の領域を確保するための命令で，

 ［ラベル］□ DS □ 語数

のように記述する．語数は，10 進定数（≧ 0）で指定する．語数を 0 とした場合，領域は確保しないが，ラベルは有効である．

■ **DC 命令**

DC 命令は，定数で指定したデータをメモリに設定するための命令で，

 ［ラベル］□ DC □ 定数

のように記述する．データを連続して複数個，設定するときは，カンマで区切って

 ［ラベル］□ DC □ 定数，定数，…

と記述する．DS 命令，DC 命令とも［ラベル］は省略できる．

定数には，10 進定数，16 進定数，文字定数，アドレス定数の 4 種類がある．10 進定数，16 進定数，アドレス定数の記述方法は表 6.10 の通りである．本書では，文字定数には触れないので説明は省く．

次のプログラム 1 にアセンブラ制御命令の記述例を示す．プログラム 1 は，CASL II プログラムをパソコン上で模擬実行するシミュレータを使って記述したものである．プログラム中の RET 命令は，プログラム 1 から OS に制御を戻すための命令で，この命令がプログラム実行の終了を示すことになる．

6.5 アセンブリ言語 CASL Ⅱ の仕様　113

表 6.10　定数の種類と書き方

種類	書き方	説明
10進定数	n	10進数 n を，1 語の 2 進数としてメモリに格納する．ただし，n が −32768 〜 32767 の範囲にないときは，その下位 16 ビットを格納する．
16進定数	#h	4 桁の 16 進数 h を 1 語の 2 進数として格納する．
アドレス定数	ラベル	ラベルに対応するアドレスを 1 語の 2 進数として格納する．

[プログラム 1]

```
        PG1  START
        ; 加算プログラム
              LD    GR1, AA     ← アドレス定数
              ADDA  GR1, BB     ; GR1 ← (AA)+(BB)
              ST    GR1, ANS
              RET   ← 制御を OS に戻す
        AA    DC    100         ← 10 進定数
        BB    DC    #000A       ← 16 進定数
        ANS   DS    1           ← 1 語の領域を確保
              END
```

─── 例題 6.2 ───

　プログラム 1 をハンドアセンブルして，各命令を 16 進数の機械語で示せ．ただし，プログラムの先頭アドレスは，#8000 番地とする．

[解答]　プログラム 1 ではアドレス定数が，ラベルで記述されている．ハンドアセンブルにあたっては，各命令の語長を確認しながら，命令の先頭アドレスを決定しておく必要がある．例えば，1 行目の命令においてアドレス定数 AA は，ラベル AA に対応する 16 進数アドレスの #8007 番地で置き換えることができる．

　　　LD GR1, AA → LD GR1, #8007

他のアドレス定数も同じように，ラベルに対応した 16 進数定数のアドレスに置き換え，各命令のアドレス部を 16 進数定数で記述し，ハンドアセンブルする．
　以下に，ハンドアセンブルの結果を示す．

```
    アドレス   機械語                 アセンブリプログラム
                              PG1    START
    #8000    #1010 #8007             LD    GR1, AA
```

#8002	#2010 #8008		ADDA	GR1, BB
#8004	#1110 #8009		ST	GR1, ANS
#8006	#8100		RET	
#8007	#0064	AA	DC	100
#8008	#000A	BB	DC	#000A
#8009	#7FFF	ANS	DS	1
	初期値：不定			

◆ 6.6　COMET Ⅱ の機械語命令

この節では，COMET Ⅱ の，すべての機械語命令の内容を解説する．ここで，一つの命令に対して2種類のオペランドがある場合，上段はレジスタ間操作命令，下段はレジスタ・メモリ間操作命令を示す．

表 6.11　命令説明表の内容

命令の名称	書式		命令の説明	命令実行の結果変化するFR
	ニーモニック	オペランド		

（1）データ転送命令

表 6.12　データ転送命令

命令の名称	書式		命令の説明	FR
ロード LoaD	LD	r1, r2	r1 ← (r2)	SF ZF OF ← 0
	LD	r, adr[,x]	r ← (EA)　EA：実効アドレス	
ストア STore	ST	r, adr[,x]	EA ← (r)	－
ロードアドレス Load ADdress	LAD	r, adr[,x]	r ← EA	

独立行政法人・情報処理推進機構の仕様書より

命令説明表で使用されている記号の約束を表 6.13 に示す．
　（　）は内容を意味することと，EA の定義については，6.2 節の (3) 項で，すでに説明したが，これらは重要なので，再度，記した．
　LD 命令は，レジスタ r2 の内容を r1 に転送する"レジスタ間データ転送命令"と，EA で指定されたアドレスのメモリ内容をレジスタ r に転送する"レジスタ・

表6.13 命令説明表における記号

r, r1, r2	いずれも GR
adr	アドレス
x	指標レジスタ
[ ]	[ ] 内の指定が省略できることを示す
( )	( ) 内のレジスタまたはアドレスに格納されている内容を示す
←	演算結果を左辺のレジスタまたはアドレスに格納することを示す
$+_L$, $-_L$	論理加算，論理減算を示す
EA	実効アドレスのことで，EA = adr，または，EA = adr $+_L$ (x)
—	FR の内容が変化しないことを示す

メモリ間データ転送命令"とがある．ST 命令は，レジスタの内容をメモリに格納する．格納先のアドレスは EA で指定する．LAD 命令は，EA をそのまま レジスタに設定する命令である．[,x] は，指標レジスタ x が省略できることを示す（表6.13の記号 [ ] を参照）．

LD 命令の結果は，FR の内容を変化させる．LD 命令で，#0000 がレジスタに転送されると ZF は 1 に，負数（符号ビット = 1）が転送されると SF は 1 に設定される．それ以外は，それぞれのフラグに 0 が設定される．OF は常に 0 が設定される．ST 命令と LAD 命令では，FR は変化しない．

■ EA の計算

adr と，指標レジスタ x の内容を論理加算した値が EA となる．x の指定がなければ adr のみが EA となる．例えば，LD GR0, #8100, GR1 の命令で，(GR1) = #0001 のとき EA は #8101 番地となる．

【例】 LD, ST 命令

① LD　GR1, GR2　　　　　；GR1 ← (GR2)
　　　　　　　　　　　　　；GR2 の内容を GR1 に転送
② LD　GR1, #8100　　　　；指標レジスタの指定がないので EA は #8100
　　　　　　　　　　　　　；命令実行の結果，GR1 ← (#8100 番地)
③ ST　GR2, #8500, GR3　；GR3 の内容を #100 とすると EA は #8600
　　　　　　　　　　　　　；命令実行の結果，#8600 番地 ← (GR2)

【例】 LAD 命令

① LAD GR2, #8500, GR3 ；GR3 の内容を #200 とすると EA は #8700
　　　　　　　　　　　　　；命令実行の結果，GR2 ← #8700

―― 例題 6.3 ―――

次のプログラム 2 において，命令①〜⑥の EA を 16 進数で答えよ．ただし，プログラムの先頭アドレスは #8000 番地とする．

[プログラム 2]

```
PG2     START
        LAD     GR1, #0001          ; ①
        LAD     GR2, #0002          ; ②
        LAD     GR3, DAT            ; ③
        LD      GR0, DAT            ; ④
        LD      GR0, DAT, GR1       ; ⑤
        LD      GR0, DAT, GR2       ; ⑥
        RET
DAT     DC      #0001, #0002, #0003
        END
```

解答 ③〜⑥の EA を求めるのに必要なラベル DAT の 16 進数アドレスを例題 6.2 と同じ手順で求めると，#800D 番地となり，アドレス定数 DAT を #800D で置き換えることができる．

①〜④は指標アドレスが指定されていないので，命令のアドレス部が，そのまま EA となる．⑤，⑥では，アドレス部に指定された番地に指標レジスタの内容を加算したものが EA となる．

LAD 命令の①〜③は，命令実行の結果，GR には EA が設定される．一方，LD 命令の④〜⑥は，EA で指定されたアドレスの内容が GR0 にロードされる．

① EA = #0001 で，GR1 に #0001 が設定される．
② EA = #0002 で，GR2 に #0002 が設定される．
③ EA = #800D で，GR3 に #800D が設定される．
④ EA = #800D で，GR0 に #800D 番地の内容 #0001 がロードされる．
⑤ EA = #800D + (GR1) = #800D + #0001 = #800E で，GR0 に #800E 番地の内容 #0002 がロードされる．
⑥ EA = #800D + (GR2) = #800D + #0002 = #800F で，GR0 に #800F 番地の内容 #0003 がロードされる．

表 6.14 に，各命令の EA，ならびに，命令実行後の各 GR の内容を示す．

6.6 COMET IIの機械語命令　117

表 6.14

アドレス	ラベル	ニーモニック	オペランド	EA	GR0	GR1	GR2	GR3
	PG2	START						
#8000		LAD	GR1, #0001	#0001	−	#0001	−	−
#8002		LAD	GR2, #0002	#0002	−	#0001	#0002	−
#8004		LAD	GR3, DAT	#800D	−	#0001	#0002	#800D
#8006		LD	GR0, DAT	#800D	#0001	#0001	#0002	#800D
#8008		LD	GR0, DAT, GR1	#800E	#0002	#0001	#0002	#800D
#800A		LD	GR0, DAT, GR2	#800F	#0003	#0001	#0002	#800D
#800C		RET						
#800D	DAT	DC	#0001					
#800E		DC	#0002					
#800F		DC	#0003					
		END						

（2） 算術論理加減算命令

表 6.15　算術論理加減算命令

命令の名称	書　式	命令の説明	FR
算術加算 ADD Arithmetic	ADDA　r1, r2	r1 ←(r1) + (r2)	
	ADDA　r, adr[,x]	r ←(r) + (EA)	
論理加算 ADD Logical	ADDL　r1, r2	r1 ←(r1) +$_L$(r2)	OF SF ZF
	ADDL　r, adr[,x]	r ←(r) +$_L$(EA)	
算術減算 SUBtract Arithmetic	SUBA　r1, r2	r1 ←(r1) − (r2)	
	SUBA　r, adr[,x]	r ←(r) − (EA)	
論理減算 SUBtract Logical	SUBL　r1, r2	r1 ←(r1) −$_L$(r2)	
	SUBL　r, adr[,x]	r ←(r) −$_L$(EA)	

　算術加減算は符号付きの数値を，論理加減算は符号なしの数値を扱う．レジスタ間の演算は，r1 の内容と r2 の内容の間で指定の演算を実行し，結果を r1 に格納する．+$_L$ と −$_L$ は，論理加減算であることを示す（表 6.13 参照）．

　　　　　r1 ←(r1) 演算 (r2)

　レジスタとメモリ間の演算は，r の内容と EA で指定されたメモリアドレスの内容との間で，指定の演算を実行し，結果を r に格納する．

　　　　　r ←(r) 演算 (EA)

算術論理加減算命令では，演算結果に応じて OF, SF, ZF の，すべてのフラグが変化する．

■ **算術加減算と論理加減算の違い**

算術加減算では，1語のデータを符号付き数値（−32768 〜 32767）とみなして演算する．一般的な数値演算の場合に用いる．論理演算では，1語のデータを符号なし数値（0 〜 65535）とみなして演算する．アドレス値を扱う場合に用いることが多い．

例題 6.4

(GR0) = #001E, (#8000) = #004B とし，次の減算命令①，②を考える．
　　　SUBA　GR0, #8000　　　；①算術減算命令
　　　SUBL　GR0, #8000　　　；②論理減算命令
これらの命令の実行によって，GR0 と FR はどのような値になるか．

解答　(GR0) と (#8000) を算術10進数で表すと，(GR0) = 30, (#8000) = 75 である．①の算術減算の結果，GR0 ← (GR0) − (#8000) = −45 となるので，GR0 には #FFD3 が設定される．よって，SF = 1 となる．その他のフラグは 0 である．

②の論理減算も (GR0) = #FFD3．符号ビット = 1 なので，SF = 1 である．ただし，論理10進数において，負数はオーバーフローとして扱われるので，OF = 1 が設定される．また，ZF = 0 である．

例題 6.5

(GR0) = #FFFF, (#8000) = #0001 とし，次の加算命令①，②を考える．
　　　ADDA　GR0, #8000　　　；①算術加算命令
　　　ADDL　GR0, #8000　　　；②論理加算命令
これらの命令の実行によって，GR0 と FR はどのような値になるか．

解答　算術加算①では，GR0 ← −1 + 1 = 0 である．よって，ZF = 1 となる．演算結果はオーバーフローしないので OF = 0 である．また，SF = 0 である．

論理加算②では，GR0 ← (GR0) + (#8000) = 65535 + 1 であるから，(GR0) = 0 で，ZF = 1 となる．演算結果はオーバーフローするので，OF = 1 である．また，SF = 0 である．

例題 6.6

次のプログラム 3 において，命令①〜④のそれぞれを実行した後の，FR の内容を示せ．

[プログラム 3]

```
PG3     START
        LD      GR1, A      ; ①
        LD      GR2, B      ; ②
        ADDA    GR1, GR2    ; ③
        ST      GR1, C      ; ④
        RET
A       DC      #FFFD
B       DC      #0003
C       DS      1
        END
```

[解答] ①と②は，LD 命令の実行によって，FR の内容が変化することを確認する例題である．④の ST 命令では，命令実行によって FR は変化せず，前の状態のままである．表 6.16 に，解答を示す．

表 6.16

ラベル	命令	オペランド	O S Z	GR1	GR2
PG3	START				
	LD	GR1, A	0 1 0	#FFFD	−
	LD	GR2, B	0 0 0	#FFFD	#0003
	ADDA	GR1, GR2	0 0 1	#0000	#0003
	ST	GR1, C	0 0 1	#0000	#0003
	RET				
A	DC	#FFFD			
B	DC	#0003			
C	DS	1			
	END				

（3） 論理演算命令

論理演算命令も，算術論理加減算命令と同じく

$\quad$ r1 ← (r1) 演算 (r2)

$\quad$ r ← (r) 演算 (EA)

のように，レジスタ間，あるいは，レジスタ・メモリ間の演算を行う．論理演算では，演算結果に応じて SF, ZF は変化するが，OF は常に 0 が設定される．

表 6.17 論理演算命令

命令の名称	書　式		命令の説明	FR
論理積 AND	AND	r1,r2	r1 ← (r1) AND (r2)	SF ZF OF ← 0
	AND	r,adr [,x]	r ← (r) AND (EA)	
論理和 OR	OR	r1,r2	r1 ← (r1) OR (r2)	
	OR	r,adr [,x]	r ← (r) OR (EA)	
排他的論理和 eXclusive OR	XOR	r1,r2	r1 ← (r1) XOR (r2)	
	XOR	r,adr [,x]	r ← (r) XOR (EA)	

例題 6.7

(GR0) = #FF0F，(#8100) = #80AA のとき，次の命令実行によって，GR0 と SF は，どのような値になるか．

$\quad$ AND　GR0, #8100　　;論理積命令

[解答]　(GR0) = #FF0F，(#8100) = #80AA のとき，AND　GR0, #8100 は，ビットごとの論理積演算によって，GR0 ← #800A となる．また，符号ビットが 1 になるので，SF = 1 である．さらに，GR0 が非零であるから，ZF = 0 である．

$\quad$ (GR0) = (1111 1111 0000 1111)　　実行前
$\quad$ (#8100) = (1000 0000 1010 1010)
$\quad$ (GR0) = (1000 0000 0000 1010)　　後

$\quad\quad$ OF SF ZF
$\quad\quad$ | 0 | 1 | 0 | FR

図 6.9　論理積演算（例題 6.7）

(4) 比較命令

表 6.18　比較命令

命令の名称	書式	命令の説明	FR
算術比較 ComPare Arithmetic	CPA　r1, r2 CPA　r, adr[,x]	(r1)と(r2)，または(r)と(EA)の算術比較または論理比較を行い，比較結果によって，FRに次の値を設定する．r1, rの内容は変化せず，そのまま．	SF ZF OF ← 0
論理比較 ComPare Logical	CPL　r1, r2 CPL　r, adr[,x]		

比較結果	OF	SF	ZF
(r1) > (r2) (r) > (EA)	0	0	0
(r1) = (r2) (r) = (EA)	0	0	1
(r1) < (r2) (r) < (EA)	0	1	0

比較命令は，数値の大小を比較する命令で，分岐命令と組み合わせて使われる．

符号付き数値（算術数）を扱う算術比較にはCPA命令が，符号なし数値（論理数）を扱う論理比較にはCPL命令が使われる．表6.18に示されるように，(r1)と(r2)，または，(r)と(EA)を大小比較する．比較の結果は，SF，ZFに反映されるが，GRの内容は変化しない．なお，OFには0が設定される．

例題 6.8

(GR2) = #0002，(#8100) = #0001 として，次の命令を，それぞれ実行したとき，FRはどのような値になるか．
　　　CPA　GR2，#8100　　；①算術比較
　　　CPL　GR2，#8100　　；②論理比較

解答　(GR2)，(#8100)を算術10進数で表すと，(GR2) = 2，(#8100) = 1 である．論理10進数でも，同じく，(GR2) = 2，(#8100) = 1 である．表6.18から，SF = 0，ZF = 0 を得る（図6.10）．

```
        CPA GR2,#8100  ;  2＞1
            ☆結果：FR     SF ZF
                         | 0 | 0 | FR
   ─────────────────────────────────
        CPL GR2,#8100  ;  2＞1
            ☆結果：FR     SF ZF
                         | 0 | 0 | FR
```

図 6.10

― 例題 6.9 ―

(GR2) = #FFFF, (#8100) = #0000 として, 次の命令を, それぞれ実行したとき, FR はどのような値になるか.

　　　　CPA　GR2, #8100　：①算術比較
　　　　CPL　GR2, #8100　：②論理比較

解答　(#8100) = #0000 は, 算術 10 進数, 論理 10 進数ともに 0 とみなされるが, (GR2) = #FFFF は, 注意を要する.

　算術 10 進数では, (GR2) = −1, 論理 10 進数では, (GR2) = 65535 である. 表 6.18 から, ①では, SF = 1, ZF = 0 になる. ②では, SF = 0, ZF = 0 である (図 6.11).

```
        CPA GR2,#8100  ;  −1＜0
            ☆結果：FR     SF ZF
                         | 1 | 0 | FR
   ─────────────────────────────────
        CPL GR2,#8100  ;  65535＞0
            ☆結果：FR     SF ZF
                         | 0 | 0 | FR
```

図 6.11

（5）シフト演算命令

表 6.19 に示すように, シフト演算命令には, 算術左シフト, 算術右シフト, 論理左シフト, 論理右シフトの 4 命令がある. 算術シフトでは, シフト後の符号ビットがシフト前の値と同じとなるようにシフトされる. 論理シフトでは, 符号ビットを含めてシフトされる.

表6.19 シフト演算命令

命令の名称	書式	命令の説明	FR
算術左シフト Shift Left Arithmetic	SLA r, adr[,x]	符号ビットを除くrの各ビットを，EAで指定した回数だけ左または右にシフトする．シフトの結果，空いたビットには，左シフトのときは0，右シフトのときは符号と同じものが埋められる．	SF ZF OFは最後に送出されたビットの値が埋められる
算術右シフト Shift Right Arithmetic	SRA r, adr[,x]	^	^
論理左シフト Shift Left Logical	SLL r, adr[,x]	符号ビットを含むrの全ビットを，EAで指定した回数だけ左または右にシフトする．シフトの結果，空いたビットには0が埋められる．	^
論理右シフト Shift Right Logical	SRL r, adr[,x]	^	^

```
┌─────算術シフト命令─────┐
① bit14〜bit0がシフト対象（符号ビットはシフトしない）
② 符号ビットを除く空いたビットには，
      ・左シフト(SLA)では0が，
      ・右シフト(SRA)では符号ビットと同じものが
  埋められる
③ OFには最後に送り出されたビットの値が埋められる
```

```
┌─────論理シフト命令─────┐
① 16ビット全体をシフト対象とする
② 空いたビットには0が埋められる
③ OFには最後に送り出されたビットの値が埋められる
```

図6.12 算術シフト命令と論理シフト命令の比較

シフト命令は，倍数の計算に使うと便利である．（GR）を左に1回シフトすると2倍，2回シフトすると4倍となる．つまり，左にn回シフトするとシフトの結果は2^n倍となる．右シフトはその逆で，n回のシフトにより$1/2^n$倍となる．

シフト演算命令の例を，以下に図で示す．上段はシフト前の，下段はシフト後のビットパターンである．すべての例で，EAは2なので，シフト回数は2回である．

【例】　SLA　GR0, 2（GR0 は正数）

```
        MSB
GR0  [0 0 0 0 0 0 0 0 0 0 0 0 1 0 1 0 0]   #000A；10
                                            ⇓4倍
OF [0] [0 0 0 0 0 0 0 0 0 0 0 1 0 1 0 0 0]  #0028；40
                                            FR←000
```

① bit14 〜 bit0 がシフト対象　② 空いたビットには，左シフトのとき"0"が埋められる

③ OF には最後に送り出されたビットの値が埋められる

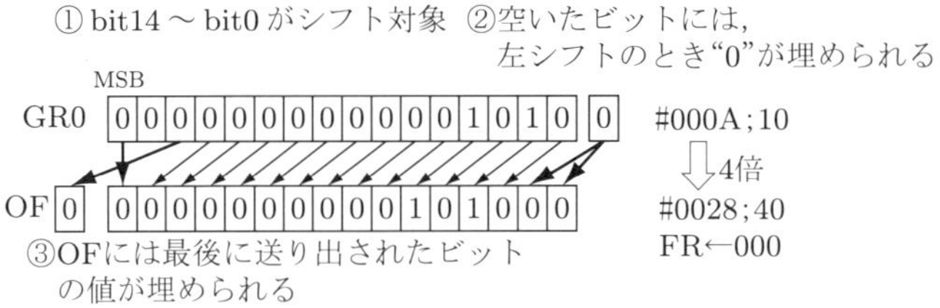

図 6.13　算術左シフトの例（GR0：正数）

【例】　SLA　GR0, 2（GR0 は負数）

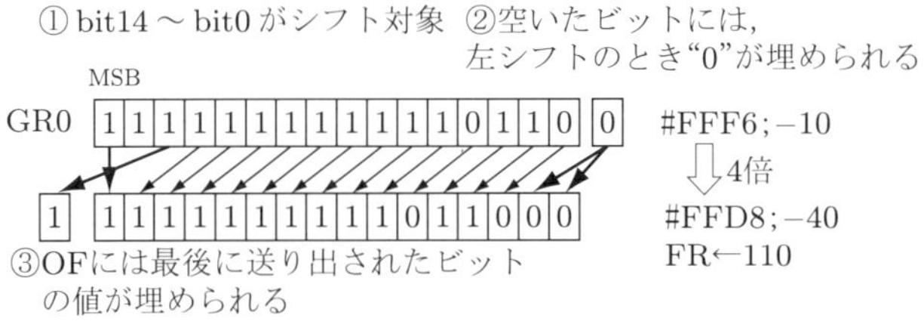

```
        MSB
GR0  [1 1 1 1 1 1 1 1 1 1 1 1 0 1 1 0 0]   #FFF6；−10
                                            ⇓4倍
     [1 1 1 1 1 1 1 1 1 1 1 0 1 1 0 0 0]    #FFD8；−40
                                            FR←110
```

① bit14 〜 bit0 がシフト対象　② 空いたビットには，左シフトのとき"0"が埋められる

③ OF には最後に送り出されたビットの値が埋められる

図 6.14　算術左シフトの例（GR0：負数）

【例】　SRA　GR0, 2（GR0 は正数）

```
        MSB
GR0  [0 0 0 0 0 0 0 0 0 0 0 0 1 0 0 0]   #0008；8
                                          ⇓1/4倍
     [0 0 0 0 0 0 0 0 0 0 0 0 0 0 1 0 0]  #0002；2
                                          FR←000
```

① bit14 〜 bit0 がシフト対象　② 空いたビットには，右シフトのとき符号と同じものが埋められる

③ OF には最後に送り出されたビットの値が埋められる

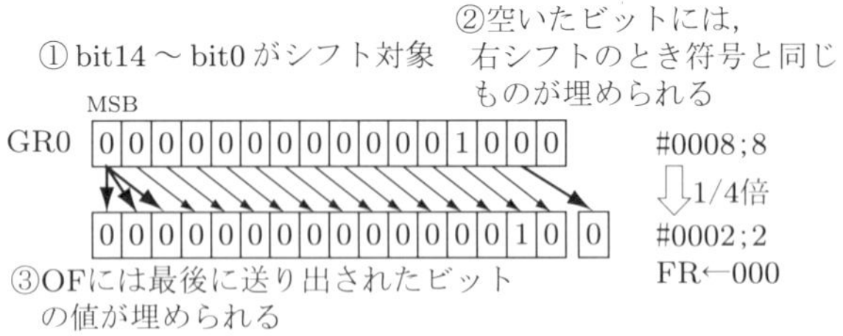

図 6.15　算術右シフトの例（GR0：正数）

【例】　SLL　GR0, 2

① 全ビットがシフト対象　　② 空いたビットには，"0"が埋められる

```
           MSB
GR0  [0 0 0 0 0 0 0 0 0 0 0 0 1 0 1 0 0]    #000A；10
                                            ↓4倍
      [0 0 0 0 0 0 0 0 0 0 0 1 0 1 0 0 0]   #0028；40
                                            FR←000
③ OF には最後に送り出されたビット
  の値が埋められる
```

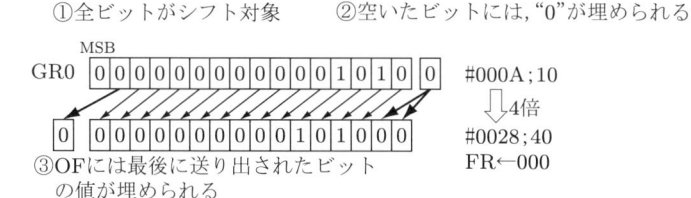

図 6.16　論理左シフトの例

(6)　分岐命令

表 6.20　分岐命令

	命令の名称	書　式	命令の説明	FR
条件付き分岐	正分岐 Jump on PLus	JPL　adr[,x]	FR が下表に示す値のとき EA に分岐する．分岐しないときは，次の命令を実行する．	
	負分岐 Jump on MInus	JMI　adr[,x]		
	非零分岐 Jump on Non Zero	JNZ　adr[,x]	命令／分岐するときのFR値 　　　OF　SF　ZF JPL　　　 0　 0 JMI　　　 1 JNZ　　　　　0 JZE　　　　　1 JOV　 1	－
	零分岐 Jump on ZEro	JZE　adr[,x]		
	オーバーフロー分岐 Jump on OVerflow	JOV　adr[,x]		
	無条件分岐 unconditional JUMP	JUMP　adr[,x]	無条件に EA に分岐する．	

　LAD 命令と ST 命令を除き，今までの命令は，命令実行の結果によって，FR の内容が変化した．条件付き分岐命令は，OF, SF, ZF の値にもとづいて，目的の処理プログラムに分岐させるのに使われる．分岐先は，EA で指定する．分岐は，EA が PC に設定されることによって実行される．次の簡単なプログラム例で，分岐命令の使い方を示す．

【例】　以下は，GR0 と GR1 の内容を算術比較し，(GR1)＞(GR0) のとき GR2 に #0001 を，それ以外では #FFFF を設定するプログラムである．

[プログラム 4]

アドレス	機械語	プログラム		
		PG4	START	
#8000:	#1200 #0000		LAD	GR0, 0
#8002:	#1210 #0001		LAD	GR1, 1
#8004:	#4410		CPA	GR1, GR0
#8005:	#6500 #800B		JPL	PLUS
#8007:	#1220 #FFFF		LAD	GR2, -1
#8009:	#6400 #800D		JUMP	OWARI
#800B:	#1220 #0001	PLUS	LAD	GR2, 1
#800D:	#8100	OWARI	RET	
			END	

START 命令に続く，最初の 2 行の命令で，GR0 に 0 が，GR1 に 1 が設定される．次の，CPA GR1, GR0 を実行すると，(GR1)＞(GR0) なので (SF, ZF) = (0, 0) となる．(SF, ZF) = (0, 0) のとき，JPL 命令を実行すると EA の値が PC に設定される．このプログラムでは，PC に #800B が設定されるので，ラベル PLUS で示すアドレスに分岐する．

(7) スタック操作命令

表 6.21 スタック操作命令

命令の名称	書　式	命令の説明	FR
プッシュ PUSH down	PUSH　adr[,x]	① SP←(SP)−$_L$1；論理減算 ② (SP)← EA ①，②の順に実行．	−
ポップ POP up	POP　r	① r←((SP)) ② SP←(SP)+$_L$1；論理加算 ①，②の順に実行．	

一般に，プログラムは，処理機能ごとに分割作成される．この分割されたプログラムを副プログラム，または，サブルーチン (subroutine) という．サブルーチンは，処理全体を管理する主プログラムから呼び出される．主プログラムは，サブルーチンに対してメインルーチンともいわれる．

同じ処理を繰り返し実行したい場合，繰り返し実行したいプログラムをサブルーチンとして作成しておき，メインルーチンの中でこのサブルーチンを繰り返し呼び出せばよいので，命令を節約した効率的なプログラムを作成できる．

また，整理されたプログラムとなるので，後で見直すのに苦労しない．

サブルーチンから，メインルーチンに正しく戻るには，書き変え・読み出しが可能なメモリに，戻り番地を待避させておく必要がある．また，GR の内容をサブルーチンで書き変えられたくない場合には，サブルーチン処理を実行する前に GR の内容を一旦待避させておけばよい．

COMET Ⅱ に限らず，一般のコンピュータでは，メモリ内にスタック領域という，ある一定の領域を確保し，そこに戻り番地や汎用レジスタの内容を退避させている．スタック領域の，どのアドレスまで使ってデータを退避させたかは，SP で管理される．

なお，スタックとは，一番最後に入れたものから先に取り出す，先入れ後出し（LIFO：last in first out）データ構造のことである．簡単に言えば，後から挿入された順に，データを取り出す手順と考えればよい．

【例】 PUSH 命令

PUSH は，スタック領域に EA を格納する命令である．PUSH 命令を実行すると，先ず，① SP の内容が -1 され，次に，②（SP）に EA が設定される．SP と PC の内容はアドレスなので，COMET Ⅱ の仕様によれば，$-_L 1\,(+_L 1)$ とすべきであるが，図表を除く本文中では $-1\,(+1)$ と表現する．

例えば，SP の初期値を，(SP) = #9000 として，以下の命令を考える．

　　　PUSH 0, GR1
　　　PUSH #7777

1 行目の命令では，先ず，SP の内容が -1 されるので，(SP) = #8FFF 番地となる．次に，EA = 0 + (GR1) なので，(SP) = #8FFF 番地に EA が格納される．つまり，スタック領域の #8FFF 番地に GR1 の内容が退避される．続く 2 行目では，SP の内容が -1 されて #8FFE 番地になり，#8FFE 番地に

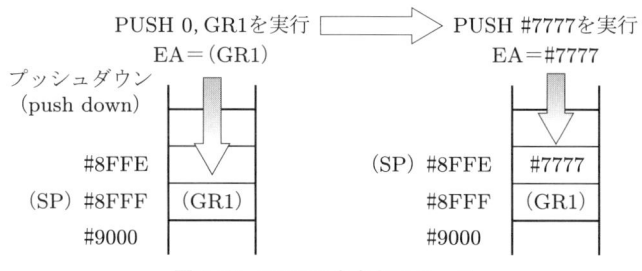

図 6.17　PUSH 命令とスタック

EA の #7777 が格納される．このように，PUSH 命令を実行すると，スタック領域に，EA が順次積み上げられていく．SP はその最上段のアドレスを示す．

【例】 POP 命令

POP は，スタック領域に格納された内容を GR にロードする命令である．POP 命令を実行すると，① SP に設定されているアドレスのメモリ内容がオペランドの GR にロードされた後，② SP の内容が＋1 される．

例えば，先ほどの，2 行の PUSH 命令に引き続いて，

　　　　POP　　GR2
　　　　POP　　GR3

の実行を考える．1 行目の命令を実行すると，スタック最上段の (SP) = #8FFE 番地に格納されていた #7777 が GR2 に戻され，SP の内容が＋1 される．つまり，(SP) = #8FFF 番地となる．続く 2 行目でも同様の操作が行われ，PUSH 命令で退避した GR1 の内容が GR3 に戻され，(SP) は初期値の #9000 番地となる．

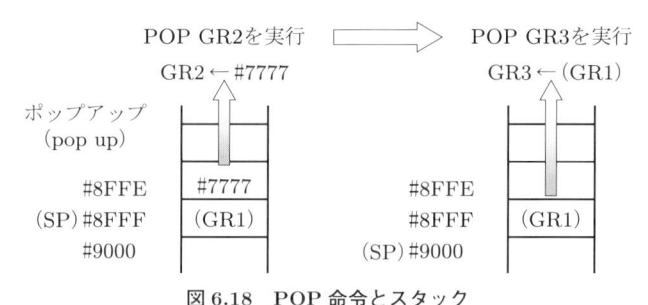

図 6.18　POP 命令とスタック

例題 6.10

GR0，GR1，GR2 に，それぞれ，0，1，2 を設定するプログラムを，PUSH 命令と POP 命令のみで記述せよ．

ただし，SP は，#9000 に初期設定されているものとする．

[解答]　PUSH 命令でスタック領域の #8FFF 〜 #8FFD 番地に 0，1，2 を書き込んだ後，それらを POP 命令で各汎用レジスタにロードする．

表 6.22 にプログラム，ならびに，各レジスタとスタック領域のメモリ内容を示す．

6.6 COMET IIの機械語命令　129

[プログラム5]

表 6.22

プログラム		GR0	GR1	GR2	SP	メモリ		
						#8FFF	#8FFE	#8FFD
PG5 START								
PUSH	0				#8FFF	#0000		
PUSH	1				#8FFE	#0000	#0001	
PUSH	2				#8FFD	#0000	#0001	#0002
POP	GR2			#0002	#8FFE	#0000	#0001	
POP	GR1		#0001	#0002	#8FFF	#0000		
POP	GR0	#0000	#0001	#0002	#9000			
RET								
END								

（8）コール・リターン命令

表 6.23　コール・リターン命令

命令の名称	書　式	命令の説明	FR
コール CALL subroutine	CALL　adr[,x]	①SP ← (SP) −$_L$ 1；論理減算 ②(SP) ← (PC)；CALL命令に続く，次の命令語の先頭アドレスをスタック領域に待避させる． ③PC ← EA；EAに分岐する． 　①，②，③の順序で実行	−
リターン RETurn from subroutine	RET	①PC ← ((SP))；戻り番地をPCにロードする． ②SP ← (SP) +$_L$ 1；論理加算 　①，②の順序で実行．	

　CALLは，サブルーチンを呼び出す命令である．CALL命令を実行すると，①SPの内容が−1され，②(SP)番地にPCの内容が格納される．メモリからCPUに機械語が1語読み出されるつど，PCの内容は+1される．CALL命令は2語長であるから，2語読み出した後，次の命令を読み出すまで，PCにはCALL命令の，次の命令の先頭アドレスが設定される．したがって，サブルーチンからの戻り番地が，(SP)番地に退避される．③戻り番地の退避が完了すると，EAがPCに設定され，サブルーチンの先頭アドレスにプログラム処理が移る．

サブルーチンからは，RET 命令で元の処理ルーチンに戻る．RET 命令は，① (SP) 番地の内容を PC にロードして，サブルーチンからの戻り番地に制御を移し，その後，SP の内容を +1 する．

図 6.19 は，CALL-RET 命令の流れを説明したものである．サブルーチンからの戻り番地が SP によって管理されるので，サブルーチンの中にサブルーチンを含むプログラムでも，SP の内容がスタック領域をオーバーしない限りは，元のルーチンに必ず戻ることができる．

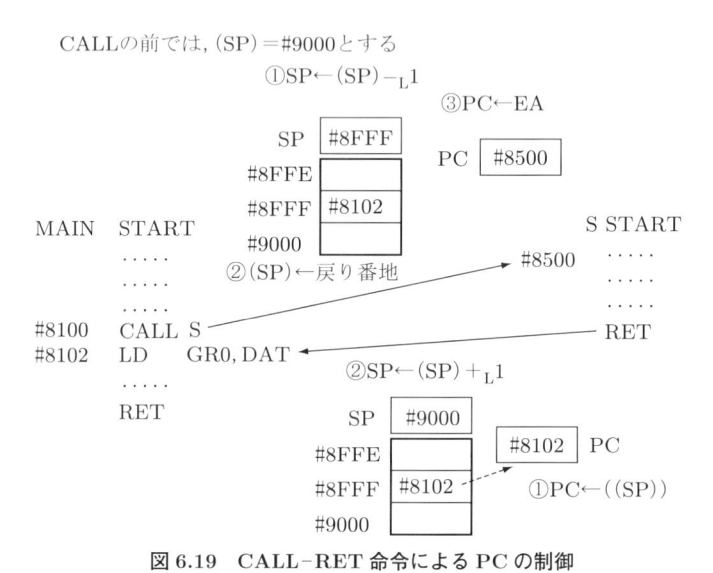

```
CALLの前では，(SP)=#9000とする
            ①SP←(SP)−_L1                    ③PC←EA

                SP  #8FFF              PC  #8500
                    #8FFE
                    #8FFF  #8102
MAIN  START         #9000                        S START
       .....                                      .....
       .....    ②(SP)←戻り番地    ─→   #8500     .....
       .....                                      .....
#8100  CALL  S                              ──── RET
#8102  LD    GR0, DAT ←─── ②SP←(SP)+_L1
       .....
       RET
                SP  #9000
                    #8FFE              #8102  PC
                    #8FFF  #8102 ─────┘
                    #9000                    ①PC←((SP))
```

図 6.19　CALL-RET 命令による PC の制御

─ 例題 6.11 ─

次のプログラム 6 について，以下の（ア）〜（ウ）に答えよ．ただし，SP の初期値は #9000 とする．
（ア）プログラム実行の結果，#8013 番地には，どのような値が格納されるか．
（イ）①の命令実行後，GR1 には，どのような値がロードされるか．
（ウ）②の命令実行後，すなわち，サブルーチン 2 から戻る直前における #8FFD 番地〜#8FFF 番地の内容，ならびに，SP の内容を示せ．

6.6 COMET IIの機械語命令

[プログラム 6]

	MAIN	START		; メインルーチン
#8000		LD	GR0, DT	
#8002		LD	GR1, GR0	
#8003		PUSH	0, GR1	
#8005		CALL	SUB1	
#8007		POP	GR1	; ①
#8008		RET		; OS に戻る
#8009	DT	DC	#0001	
		END		
	SUB1	START		; サブルーチン 1
#800A		SLA	GR1, 2	
#800C		CALL	SUB2	;
#800E		RET		; サブルーチン 1 の終了
		END		
	SUB2	START		; サブルーチン 2
#800F		ADDA	GR0, GR1	
#8010		ST	GR0, SV	; ②
#8012		RET		; サブルーチン 2 の終了
#8013	SV	DS	1	
		END		

[解答] プログラム 6 は，メインルーチンで，DT 番地（=#8009）の内容を GR1 と GR0 にロードし，サブルーチン 1 で (GR1) を 4 倍したのち，サブルーチン 2 で (GR0) を加算することによって，DT 番地の内容を 5 倍する．その結果は，②の命令で #8013 番地に格納される．

（ア）#0005

（イ）#0001

DT 番地の内容 =#0001 が GR1 にロードされた直後に，(GR1) が PUSH 命令で #8FFF 番地に待避されているので，①の POP 命令によって #8FFF 番地から GR1 に #0001 がロードされる．

（ウ）CALL 命令を実行するつど，SP の内容が -1 され，(SP) 番地にサブルーチンからの戻り番地がセットされることに注意すると，以下を得る．

アドレス	#8FFF	#8FFE	#8FFD
内容	#0001	#8007	#800E

(9) その他：NOP 命令，SVC 命令

表 6.24 は，COMET Ⅱ の仕様書で示されている NOP 命令，および，SVC 命令の書式と機能の説明である．

表 6.24 NOP 命令と SVC 命令

命令の名称	書　式	命令の説明	FR
ノーオペレーション No OPeration	NOP	何もしない．	−
スーパバイザコール SuperVisor Call	SVC　adr[,x]	実効アドレスを引数として割り出しを行う．実行後の GR と FR は不定．	

■ NOP 命令

プログラムメモリに機械語が割り振られるが，命令実行の結果は，何も変化しない．実用コンピュータでは，外部機器とのデータ伝送におけるタイミング調整（時間稼ぎ）などの目的で使われる．

■ SVC 命令

CPU が備えている重要な機能に割り込み (interrupt) がある．割り込みとは，何らかの原因（割り込み要因という）によって，実行中のプログラムを一時中断し，割り込み要因に対処するための例外的なプログラム（割り込み処理）に分岐する機能である．割り込みは，プログラム自身の要因で発生する内部割り込み (internal interrupt) と，外部信号を要因とする外部割り込み (external interrupt) に大別される．なお，内部割り込みを割り出しともいう．

SVC 命令は，COMET Ⅱ で定義されている唯一の割り込み要因で，ユーザプログラムから OS が備えているプログラム（たとえばキーボードからの文字入力）を呼び出すのに使われる．プログラムの中で SVC 命令を記述することによって，通常のプログラムから割り込み処理プログラムに分岐する．

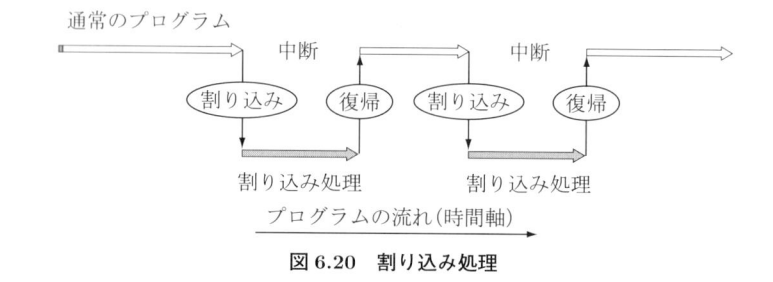

図 6.20 割り込み処理

6.6 COMET IIの機械語命令　133

次の例題でSVC命令の動作を考えてみよう．

例題 6.12

SVC命令を実行すると，次の表に示す①，②，③の順でSPとPCが動作し，割り込み処理プログラムに分岐するものとする．
このとき，次の（ア），（イ）に答えよ．

表 6.25　SVC命令とSP, PCの動作

書式	命令の説明	FR
SVC　adr[,x]	① SP ← (SP) −_L 1 ② (SP) ← (PC) ③ PC ← (EA)	−

（ア）SVC #11 を実行したときの，PCの値を示せ．ただし，#11番地の内容は，#8500とする．
（イ）割り込み処理プログラムから戻る手続きを述べよ．

解答　（ア）#8500

①，②は，PCの内容をスタック領域に一時保存し，割り込み処理プログラムからの戻り番地を退避させる動作である．③の動作で，(EA) をPCに設定する．命令:SVC #11 のEAは#11なので，#11番地の内容の#8500がPCに設定され，#8500番地の命令からプログラムが実行される．

SVC命令とCALL命令は，PCの内容をスタック領域に退避させた後にプログラムを分岐させる点で類似している．しかし，両者は，分岐先のアドレス設定方法が決定的に異なる．CALL命令はEAそのものを，SVC命令は (EA) を分岐先アドレスとする．

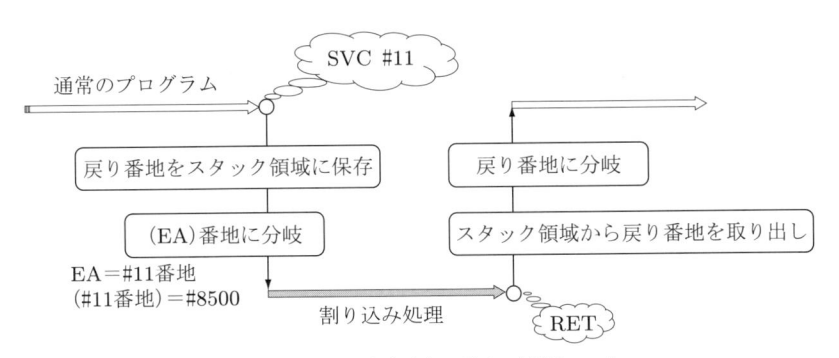

図 6.21　SVC命令実行の流れ（例題 6.12）

（イ）割り込み処理プログラムの最後に RET 命令を記述する．

RET 命令によって，スタック領域に退避させた割り込み処理プログラムからの戻り番地が PC に設定される．

以下に割り込みの種類と，主な要因を挙げる．

■ **割り込みの種類と要因**

割り込みを要因別に分類すると，内部割り込みと外部割り込みに大別されることは，先に述べたとおりである．この他の割り込みとしてリセット割り込みがある．リセット割り込みは，外部割り込みと同じく，外部信号を割り込み要因とするが，他の割り込みとは異なる処理を実行する．

① 内部割り込み：割り出し，または，ソフトウェア割り込みともいわれ，ユーザプログラムの実行によって発生する要因の割り込みである．内部割り込みには，SVC のようにプログラムの中で明示（記述）された命令を要因とする割り込み，あるいは，演算結果のオーバーフローや，未定義命令の実行などを要因とする割り込みがある．

② 外部割り込み：ユーザプログラムの実行とは無関係に，入出力装置からの信号など，外部機器からの信号によって発生する割り込みで，ハードウェア割り込みともいわれる．

③ リセット割り込み：CPU にリセット信号を入力することによって発生する，優先度の高い割り込みである．

表 6.26 割り込み要因と種類

種 類	要 因	備 考
内部割り込み	・SVC 命令	OS の機能を呼び出し
	・未定義命令 ・演算異常（オーバーフロー，0 除算）	不正命令を実行
外部割り込み	・外部装置からの信号	
リセット割り込み	・リセット操作信号	
	・電源投入時	パワーオンリセット

▶▶まとめ＆展開◀◀

　この章では，仮想コンピュータ COMET II の命令セットについて詳しく学んできた．具体的には，命令セットと対になるレジスタなどのハードウェア仕様，命令種類と操作対象の情報を表現する命令形式，命令形式をもとに機械語命令を 16 進符号で表現する方法，さらには，例題のプログラムを解きながら，COMET II のすべての機械語命令の機能を学んだ．

　ここで学んだ，①実効アドレスの求め方，②各機械語命令の内容，③命令実行後の FR, PC, SP の変化を理解できることが次章の制御装置設計の前提である．次の演習問題で理解度を確認されたい．

演習問題

以下は，すべて COMET II と CASL II に関する問題である．

1. 汎用レジスタ GR, フラグレジスタ FR, プログラムカウンタ PC, スタックポインタ SP の役割をのべよ．
2. 表 6.27 のプログラムをハンドアセンブルせよ．ただし，指標レジスタ x が指定されていない場合は，#0 を設定すること．

表 6.27

アドレス	機械語	第1語				第2語	語長	ラベル	プログラム		
		主OP	副OP	r/r1	x/r2	adr					
								PG	START		
#8000									LAD	GR1,	5
									LD	GR2,	DAT
									ADDA	GR1, DAT, GR2	
	#8100	#8	#1	#0	#0		1		RET		
								DAT	DC	1	
									DC	3	
									END		

3. LAD 命令と LD 命令の違いを述べよ．

4. 表 6.28 のプログラムにおいて，▨部分の内容を答えよ．

表 6.28

アドレス		プログラム		EA	GR0	GR1	FR		
							O	S	Z
	PG	START							
		;実効アドレスの例題							
#8000		LAD	GR1, #0001	▨		▨			
#8002		LAD	GR0, DAT	▨	▨				
#8004		LAD	GR0, DAT, GR1	▨	▨				
#8006		LD	GR0, DAT						
#8008		LD	GR0, DAT, GR1						
		;算術論理加算の例題							
#800A		LAD	GR0, #0003						
#800C		LAD	GR1, #FFFF	▨		▨			
#800E		ADDA	GR0, GR1		▨		▨	▨	▨
#800F		LAD	GR0, #0003						
#8011		ADDL	GR0, GR1		▨		▨	▨	▨
		;算術論理減算の例題							
#8012		LAD	GR0, #0003						
#8014		LAD	GR1, #FFFF						
#8016		SUBA	GR0, GR1		▨		▨	▨	▨
#8017		LAD	GR0, #0003						
#8019		SUBL	GR0, GR1		▨		▨	▨	▨
#801A		RET							
#801B	DAT	DC	#5555						
#801C		DC	#7777						
		END							

5. 表 6.29 のプログラムを実行したときの，■部分の内容を答えよ．

表 6.29

プログラム			GR1	GR2	GR3	GR4	FR		
							O	S	Z
PG	START								
	LD	GR1, A							
	LD	GR2, B							
	CPA	GR1, GR2							
	LD	GR3, A							
	LD	GR4, B							
	CPL	GR3, GR4							
	RET								
A	DC	#FFFF							
B	DC	#0001							
	END								

6. GR0 の内容を #F0F0 としたとき，次の命令実行後，GR0 と FR の内容はどのような値になるか，GR0 は 16 進数で，FR は 2 進数で答えよ．

   (1) SLA GR0, 4   (2) SRA GR0, 4
   (3) SLL GR0, 4   (4) SRL GR0, 4

7. 表 6.30 のプログラムにおいて，■部分の内容を答えよ．

表 6.30

プログラム			GR0	GR1	GR2	FR		
						O	S	Z
PG	START							
	LAD	GR0, 0						
	LAD	GR1, 1						
	LAD	GR2, 2						
	CPA	GR1, GR2						
	JMI	LABEL						
	LAD	GR0, 1						
LABEL	LD	GR1, GR0						
	RET							
	END							

8. スタック操作命令を利用して，『GR0 と GR1 の内容』，および，『GR2 と GR3 の内容』を交換するプログラムを作成せよ．

9. 表 6.31 のプログラムについて，以下を確認せよ．ただし，SP の初期値は #9000 番地とする．
   (1) 実行順序
   (2) PC，SP，スタック領域の内容

表 6.31

アドレス	プログラム	
	MAIN START	
#8000	LAD	GR0, 0
#8002	ST	GR0, DATA
#8004	LD	GR1, DSAVE
#8006	CALL	SUBR
#8008	RET	
	; ***** subroutine-1 *****	
#8009	SUBR PUSH	0, GR1
#800B	CALL	COUNT
#800D	POP	GR1
#800E	RET	
	; ***** subroutine-2 *****	
#800F	COUNT LAD	GR1, 1
#8011	ADDA	GR1, DATA
#8013	ST	GR1, DATA
#8015	RET	
	; ***** Data *****	
#8016	DSAVE DC	#5555
#8017	DATA DS	1
	END	

CPU の勉強は，命令の約束事を理解することなんだョ……

第 7 章

制御アーキテクチャ

本章では，COMET Ⅱの機械語命令に従って動作するCPUの制御装置部分を仮想設計し，コンピュータが動作する仕組みを学ぶ．

ここでは，6.1節で述べたCOMET Ⅱのハードウェア仕様に若干の追加を行ったCOMET Ⅱ-STARというモデル名でよぶコンピュータ（CPU）を考える．

▶▶学習到達目標◀◀
① コンピュータの基本構成を説明できること．
② 命令読み出しサイクルの動作をブロック図とタイミングチャートで説明できること．
③ COMET Ⅱの各機械語命令の実行動作をブロック図で説明できること．
④ COMET Ⅱ-STARの入出力方式を説明できること．
⑤ パイプライン処理の動作原理と問題点を説明できること．

■ 本章で学ぶ内容の要点

これまでに，CPUを構成する演算装置の構造・動作，さらには，CPUを動作させる機械語命令について学んだ．本書の狙いであるCPU設計に対して，残る課題は制御装置の設計である．

制御装置の役割は，命令実行順序制御をはじめとして，他のコンピュータ構成要素を制御することにあり，コンピュータ（CPU）の設計思想は制御装置の構造仕様に集約されるといえる．ここでは，COMET Ⅱに若干の仕様を追加したコンピュータ（COMET Ⅱ-STAR）のハードウェア仕様を提示し，そのコンピュータで動作するCPUの基本構成を考える．

本章では，制御装置の機能である，機械語命令の取り込み，命令解読，命令実行の各動作を中心に解説するが，説明に必要なメモリなどのコンピュータ構成要素の機能についても触れる．また，制御装置に関連して，外部機器との入

出力方法，割り込み動作について（外部割り込みは除く），さらには，CPU 高速化の手段として取り上げられているパイプライン処理についても解説する．

◆ 7.1 COMET Ⅱ-STAR の仕様

COMET Ⅱ は，アセンブリ言語 CASL Ⅱ のターゲットコンピュータであり，第 6 章で述べたハードウェア仕様は大枠でしかない．COMET Ⅱ の機械語命令で動作する CPU を設計するには，このハードウェア仕様に若干の追加が必要である．

最初に，COMET Ⅱ-STAR のハードウェア仕様から説明する．

COMET Ⅱ に追加した仕様を次の表 7.1 に示す．

以下，表 7.1 の①〜④の各項目について説明する．

なお，⑤の命令セットは，仕様として明示したものであり，内容は，第 6 章で述べたとおりである．また，⑥の入出力方式，⑦の割り込みについては，後の 7.9 節と 7.10 節で解説する．

表 7.1 追加仕様

項　　目	仕　　様	
① 制御方式	・ワイヤードロジック方式	
② 演算回路	・算術論理演算	図 5.8 の ALU で実行
	・シフト演算	16 ビットのシフトレジスタで実行
	・EA 演算	専用の論理加算器で実行．結果は，回路内のレジスタに一時保存
③ CPU 内部バス	・バス幅	16 ビット
	・バス方式	1 バス方式
	・レジスタとの接続	3 ステートバッファ経由
	・メモリとの接続	・MAR (memory address register) を介してメモリのアドレス端子に接続 ・MDR (memory data register) を介してメモリのデータ端子に接続
④ 追加レジスタ	・IR1	命令の第 1 語を一時保存 　　（IR : instruction register）
	・IR2	命令の第 2 語（アドレス部）を一時保存
	・Zero レジスタ	内容が #0000 のレジスタ
⑤ 命令セット	・表 6.3 のすべて	
⑥ 入出力方式	・メモリマップド方式	
⑦ 割り込み	・SVC 命令による内部割り込み	
	・リセット割り込み	

■ 制御方式

CPU は，演算装置と制御装置で構成される．このうち，制御装置は，プログラムで指定された動作を実行するために，ALU やメモリなどのコンピュータ構成要素を制御する役割を担っている．制御装置の構成方式は，ワイヤードロジック方式（wired logic control）とマイクロプログラム方式に大別される．ワイヤードロジック方式は，組み合わせ論理回路と順序回路で制御装置を実現する方式で，高速という長所がある．一方，マイクロプログラム方式は，CPU 内部に制御メモリとマイクロ CPU を備え，そこに格納されたプログラム（マイクロプログラム）に従って処理する方式で，設計の変更が容易という長所がある．一方の長所は，他方の短所でもある．

COMET Ⅱ-STAR の制御装置は，ワイヤードロジック方式とする．したがって，第4章で学んだ組み合わせ論理回路や順序回路で CPU を構成することを，ここでは CPU 設計という．

■ ALU とシフタ

ALU は，第5章の図5.8で示した全加算器とセレクタ，および，XOR 回路などで構成されるものとする．図7.1 に示すように，ALU のそれぞれの入力には 16 ビットのレジスタを，出力側にはシフト演算用のシフタを接続した構成とする．ALU の出力は，$\overline{LOAD}$ 信号の立ち下がりでシフタにロードされる．シフト回数は，右シフト信号 $\overline{R\text{-}Shift}$ と左シフト信号 $\overline{L\text{-}Shift}$ で制御される．シフト演算を実行しないとき，シフタは，データを一時保存する，単なるレジスタとしての役割を担う．

また，ALU とシフタは，それぞれの演算結果に応じて FR の内容を変化さ

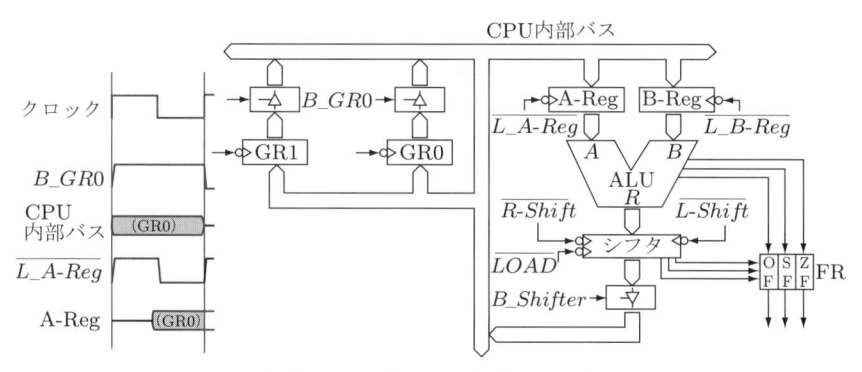

図 7.1 演算装置と CPU 内部バス

■ EA 演算回路

EA 演算回路は，実効アドレス EA を計算する回路で，命令の第 2 語（adr）と，指標レジスタ（または，Zero レジスタ）の内容を論理加算する．加算結果は，回路内のレジスタに保存される．

ALU とは別に，EA 演算専用の論理加算回路を備えることで，ST，LAD，PUSH，CALL，ならびに，各種分岐命令の実行に際し，ALU を不要としている．よって，これらの命令実行の結果が FR に影響を及ぼすことはない．

■ CPU 内部バス

CPU 内部の各レジスタは，16 本の信号線で構成される伝送線（伝送ライン）を通してデータの受け渡しを行う．16 本の信号線は，レジスタの各データビット $D_{15} \sim D_0$ に接続される．この伝送ラインのことをバス（bus）といい，CPU 内部のバスを CPU 内部バスという．以後，とくに断らない限り，CPU 内部バスを単にバスという．

COMET Ⅱ-STAR は，16 ビット構成の 1 バスでデータ伝送を行う方式（1 バス方式）とする．各レジスタは，バスを共有してデータ伝送するため，3 ステートバッファを介してレジスタ出力をバスに接続する．どのレジスタをバスに接続するかは，3 ステートバッファのイネーブル信号（B_レジスタ名）を選択することで指定する．また，バス上のデータを，どのレジスタに取り込むかは，ロード信号（L_レジスタ名）で選択する．

なお，バスを共用しても，複数の 3 ステートバッファが同時に動作しない限り，バス上でデータ衝突は生じない．

図 7.1 のタイミングチャートは，GR0 の内容を ALU の入力 A に伝送するときの動作タイミングを例示したものである．GR0 の出力は，クロックから生成されたイネーブル信号 B_GR0 が H 状態の間，バスに接続される．バス上のデータが安定するタイミングでロード信号 $\overline{L\_A\text{-}Reg}$ が出力され，その立ち下がりエッジで，バス上のデータが A レジスタにロードされる．その結果，GR0 の内容が ALU の入力 A に設定される．$\overline{L\_A\text{-}Reg}$ もクロックから生成された信号である．このように，データ伝送は，クロックによって制御される．

■ メモリの構成

COMET Ⅱ-STAR の機械語プログラムは，データ読み出し専用メモリの ROM（read only memory）に記憶される．また，プログラムで使用するデー

タや演算結果の格納には，データの読み出し・書き込みが可能なメモリの RAM（random access memory）が用いられる．ROM は，電源が遮断されてもデータが保存される不揮発性のメモリである．RAM は，電源が遮断されると記憶内容が消失する揮発性のメモリである．

ROM は，チップ選択 $\overline{CS}$（chip select），出力イネーブル $\overline{OE}$（output enable），ならびに，アドレスとデータの各端子を備えている．RAM は，これらの端子のほかに，ライトイネーブル $\overline{WE}$（write enable）端子を備えている．$\overline{OE}$ 端子は，メモリからの読み出し制御に使われる．$\overline{WE}$ 端子は，メモリへの書き込み制御に使われる．

これらの端子に CPU から信号を加えることによってメモリの選択，データの読み出し・書き込みが，図 7.2 の動作表に従って実行される．例えば，ROM の $\overline{CS}$ 端子に接続された信号 $\overline{Sel\_ROM}$ をアクティブにした状態で，$\overline{OE}$ 端子に接続された信号 $\overline{RD}$ をアクティブにすると，アドレス端子に指定し

RAM の動作表

制御信号			機　能
$\overline{CS}$	$\overline{WE}$	$\overline{OE}$	
L	H	L	メモリから読み出し
L	L	H	メモリに書き込み
H	X	X	ハイインピーダンス

X：任意

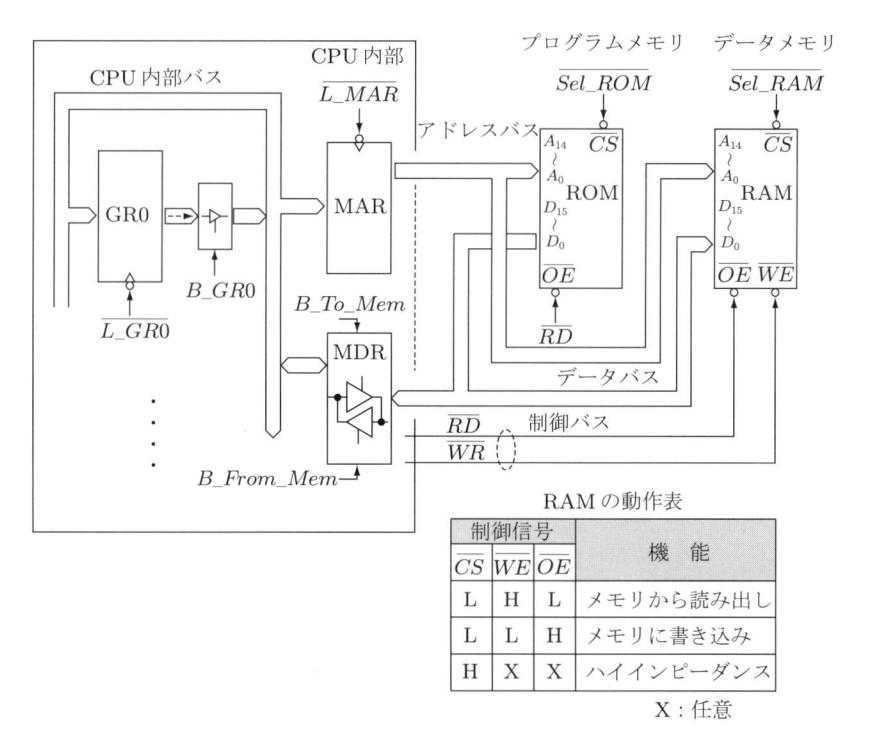

図 7.2　アドレスバスとデータバス

たアドレスのメモリ内容がデータ端子に出力される．また，RAM の $\overline{CS}$ 端子に接続された信号 $\overline{Sel\_RAM}$ をアクティブにした状態で，$\overline{WE}$ 端子に接続された信号 $\overline{WR}$ をアクティブにすると，アドレス端子に指定したメモリアドレスに，データ端子の状態が書き込まれる．$\overline{RD}$ と $\overline{WR}$ は，メモリとアクセスする際に制御装置から出力される，読み出し信号と書き込み信号である．

ここで，アクティブとは，第 4 章で述べたように，信号が有効であることを意味する．例えば，信号 $\overline{X}$ は負論理で L 状態がアクティブ，信号 X は正論理で H 状態がアクティブである．

なお，$\overline{CS}$ 端子が非アクティブのとき，データ端子はハイインピーダンス状態になるので，複数のメモリをデータバスに接続することができる．

■ バスとメモリの接続

CPU とメモリとは，アドレスバスとデータバスで接続される．これらのバスは，CPU 外部バスともいわれる．

CPU 内部バスは，16 ビットのメモリアドレスレジスタ（MAR）を介してアドレスバスに接続される．また，データバスとは，同じく 16 ビットのメモリデータレジスタ（MDR）を介して接続される．MDR は双方向の 3 ステートバッファ機能を備え，"CPU からメモリ"，"メモリから CPU" といった，データの方向も制御可能とする．図 7.2 のブロック図では，MDR を 3 ステートバッファ記号で示した．

■ アドレス空間

COMET II–STAR のアドレスバスは 16 ビットなので，$(0000)_{16} \sim (FFFF)_{16}$ 番地のメモリアドレスを指定できる．$(0000)_{16} \sim (FFFF)_{16}$ 番地のアドレス空間は，適時，分割されて複数の ROM と RAM に割り振られる．例えば，簡単のためアドレス空間を 2 分割し，$(0000)_{16} \sim (7FFF)_{16}$ 番地をプログラム領域として 1 個の ROM に，$(8000)_{16} \sim (FFFF)_{16}$ 番地をデータ領域として 1 個の RAM に割り振ったとき，ROM と RAM は，アドレスバスの最上位ビット A_{15} で選択される（図 7.3 参照）．

■ 追加レジスタ

IR1 は，機械語命令の第 1 語を一時保存するレジスタで，IR2 は第 2 語を一時保存する．

Zero レジスタは，内容が #0000 の 16 ビットレジスタで，データ転送命令，ならびに指標レジスタが指定されないときの EA 計算に使用する．

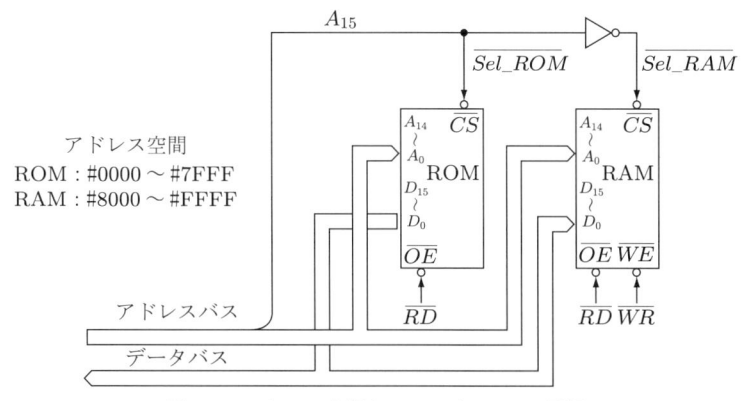

図 7.3 アドレス空間と ROM/RAM の選択

◆ 7.2 命令実行の流れ

COMET II-STAR のような逐次制御方式のコンピュータは，次の①～⑥を繰り返すことによってメモリに記憶されたプログラムを実行し，目的とする処理を行う．

① 命令の取り出し（instruction fetch）
② 命令デコード（instruction decode）
③ 実効アドレス計算（effective address calculation）
④ オペランド取り出し（operand fetch）
⑤ 命令実行（instruction execution）
⑥ 結果格納（write/store back）

以上の①と②に要する時間を命令フェッチサイクル（instruction fetch cycle），また，③～⑥に要する時間を命令実行サイクル（instruction execu-

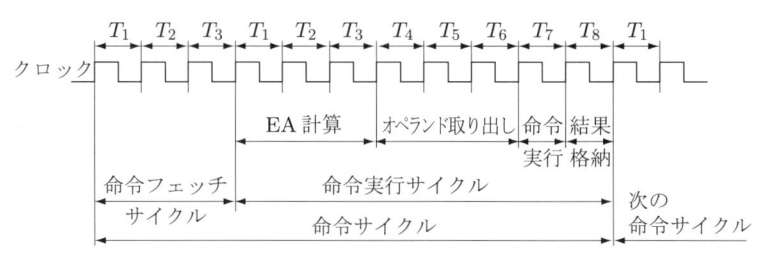

図 7.4 命令サイクルの一例

tion cycle）という．①〜⑥の動作は，精密なクロックから生成された各種の信号によって制御される．コンピュータの世界では，このクロックサイクルのことをステート（state）ともいう．

1命令の実行に必要なクロック数をクロックサイクル数（CPI：cycles per instruction）という．CPIは，あるプログラム処理を実行したときの総クロック数を総命令数で割った，1命令あたりの平均クロックサイクル数で表現される．

例題 7.1

ある命令が，図7.4のサイクルで実行されるとき，1命令を実行するのに何秒要するか．ただし，クロック周波数 f は 1 [GHz] とする．

[解答] クロックの周期 T がクロックサイクルで，また，この命令は11クロックサイクルで実行されるから，

所要時間：$11 \times T = 11/f = 11/(1 \times 10^9) = 1.1 \times 10^{-8}$ [s]（= 11 [ns]）

◀■

◆ 7.3 命令フェッチサイクルの動作

すべての命令で，最初に実行されるのは命令フェッチサイクルである．命令フェッチサイクルでは，PCが示すアドレスから機械語を取り出し，それを命令デコーダで解読することにより命令の種類を特定する．そして，メモリから機械語が1語読み出されるつど，PCの内容は，+1される．

図7.5に，命令フェッチサイクルの実行に関わる回路と，動作の流れを示す．図中の①〜⑤の番号は，動作順序である．図7.6は，各信号のタイミングチャートである．

（1）命令の取り出し

COMET II-STAR は，$T_1 \sim T_2$ の2クロックサイクルでプログラムメモリから機械語を IR1 に取り込み，T_3 サイクルで OP コードを命令デコーダで解読する．

以下，図を用いて，動作の流れを説明する．具体的な説明とするため，(PC) 番地には，データ転送命令：LD GR0, GR7 の機械語 #1407 が格納されているとする．

7.3 命令フェッチサイクルの動作

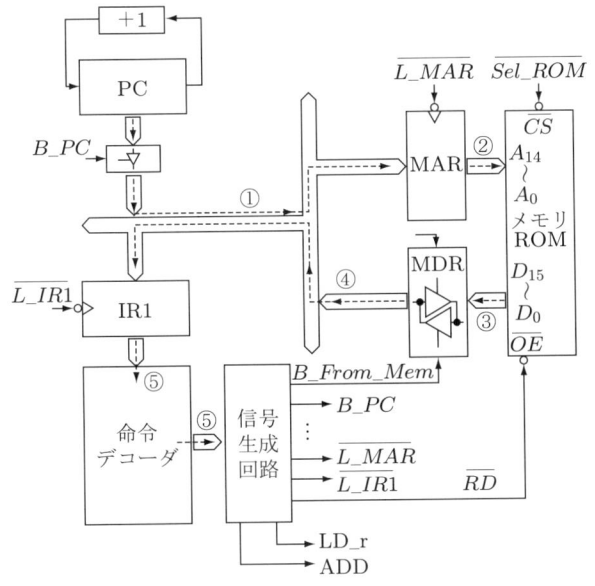

図 7.5 命令フェッチサイクルの動作

① PC とバスの間に挿入した 3 ステートバッファのイネーブル信号 B_PC が，T_1 サイクルの間，アクティブになる．この間，バスには PC の内容がロードされる．

② T_1 サイクルに同期するように生成された信号 $\overline{L\_MAR}$ の立ち下がりをトリガに，バス上のアドレス情報（PC の内容）が MAR にロードされる．

③ MAR の出力は，メモリのアドレス端子に接続されているので，プログラムメモリ（ROM）の選択信号 $\overline{Sel\_ROM}$ がアクティブで，かつ，信号 $\overline{RD}$ がアクティブの間は，メモリのデータ端子から機械語 #1407 がデータバスに出力される．

④ MDR のイネーブル信号 B_From_Mem がアクティブの間，データバスは CPU 内部バスに接続される．データの方向は，CPU 内部バス←データバスである．

T_2 サイクルに同期する信号 $\overline{L\_IR1}$ の立ち下がりをトリガに，機械語 #1407 が IR1 にロードされる．また，この T_2 サイクルで，PC の内容は +1 される．

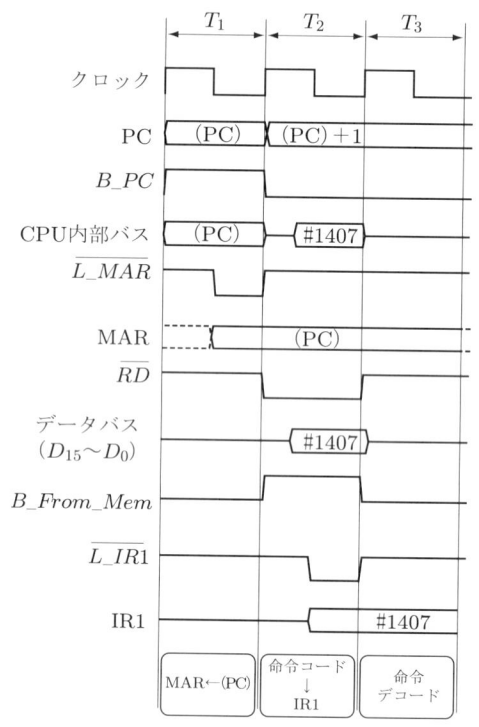

図7.6 命令フェッチサイクルのタイミングチャート

（2）命令デコード

⑤ 命令デコーダは，IR1 に一時保存された命令コード #1407 から，OP コードフィールドの #14 をデコードして，命令の種類がレジスタ間転送命令であることを解読する（図7.7）．その結果にもとづいて信号生成回路から ALU や各レジスタなどを制御する信号が出力される．また，オペランドフィールドの #07 から，ディスティネーションオペランド（転送先）が GR0 であること，ソースオペランド（転送元）が GR7 であることを解読する．

　命令デコーダは，デコード回路を中心に構成されるので，IR1 に #1407 が設定された直後，瞬時に命令を解読することもできるが，COMET II - STAR では，クロックサイクル T_3 を命令デコードに割り当てることとする．

7.3 命令フェッチサイクルの動作　149

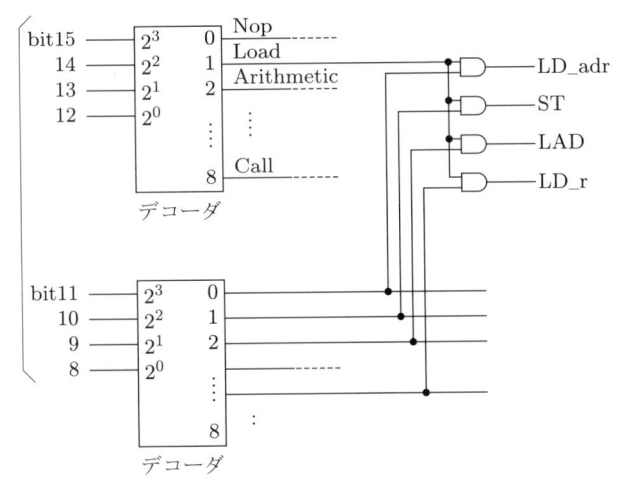

```
      OPコードフィールド
    ┌─────
    │ bit15 ── 2³  0 ── Nop
    │    14 ── 2²  1 ── Load
    │    13 ── 2¹  2 ── Arithmetic ─────┐──── LD_adr
    │    12 ── 2⁰                       │──── ST
    │              ⋮                    │──── LAD
    │           8 ── Call               │──── LD_r
    │        デコーダ

    ┌─────
    │ bit11 ── 2³  0
    │    10 ── 2²  1
    │     9 ── 2¹  2
    │     8 ── 2⁰
    │              ⋮
    │           8
    │        デコーダ
```

図 7.7　OPコードの解読

例題 7.2

レジスタ間操作命令とレジスタ・メモリ間操作命令を識別する信号 $Reg/\overline{Adr}$ を考える．$Reg/\overline{Adr}$ は，レジスタ間操作命令で 1，レジスタ・メモリ間操作命令で 0 となる．

表 6.3 をもとに，副 OP コードの情報から $Reg/\overline{Adr}$ を生成する方法を考えよ．ただし，対象とする命令の種類は，データ転送命令，算術論理加減算命令，論理演算命令，比較命令の 4 種類とする．

解答　表 6.3 より，この 4 種類の命令において，副 OP コードが #0 〜 #3 のときレジスタ・メモリ間操作命令となる．#4 〜 #7 のときレジスタ間操作命令なので，副 OP コードの bit10 の情報が，そのまま $Reg/\overline{Adr}$ となる（図 7.8）．

副OPコード
bit11 10 9 8
（bit10 が網掛け、bit11 が未使用）

副OPコード	bit10	
#0〜#3	0	レジスタ・メモリ間操作命令
#4〜#7	1	レジスタ間操作命令

図 7.8

◆ 7.4 レジスタ間操作命令の実行サイクル

(1) データ転送命令

図7.9をもとに，前節の命令フェッチサイクルで取り上げたレジスタ間データ転送命令：LD GR0, GR7 の，実行サイクル動作の流れを説明する．

命令フェッチサイクルの動作説明で，コンピュータがクロックサイクルに従って制御されることを示すため，レジスタのロード信号や3ステートバッファのイネーブル信号など，信号の動作タイミングを詳しく述べてきたが，クロックサイクルの重要性は理解できたと思うので，以下では，タイミングチャートを割愛する．

① 命令実行サイクルの T_1 サイクルで，ソースオペランド GR7 の出力に接続された3ステートバッファのイネーブル信号 $\overline{B\_GR7}$ がアクティブとなり，GR7 の内容がバスに出力され，ALU の B レジスタにロードされる．

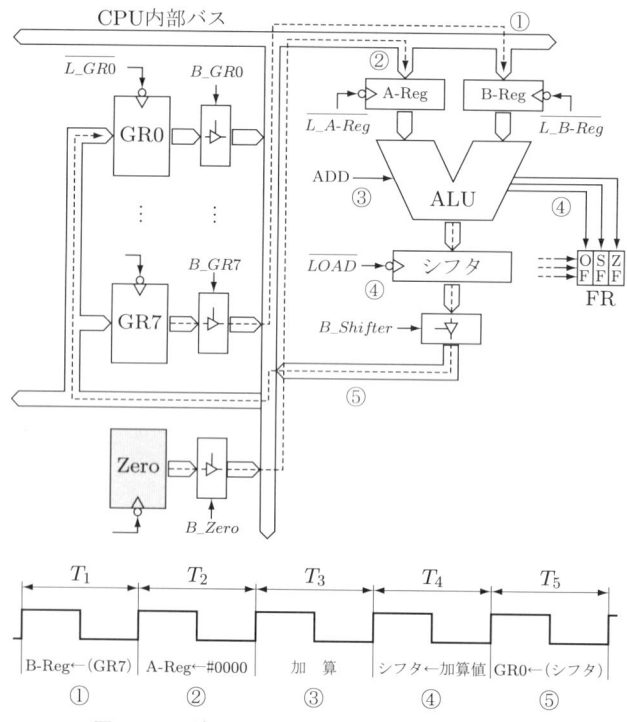

図 7.9 レジスタ間転送命令の実行サイクル動作

② T_2 サイクルで Zero レジスタの内容（#0000）が A レジスタにロードされる．

③ T_3 サイクルにおいて，信号生成回路からの加算信号 ADD により，ALU が A レジスタと B レジスタの内容を加算する．

④ 加算結果：(GR7)＋#0000 がシフタにロードされる．#0000 との加算であるから，結果は（GR7）のままである．(GR7) が負数であれば加算結果も負数，零であれば加算結果も零なので，FR のうちの，SF と ZF は変化する．#0000 との加算ではオーバーフローすることはないので，OF＝0 である．

⑤ シフタにロードされた加算結果が，ディスティネーションオペランドの GR0 に格納される．

ここでは，説明を簡単にするため，①～⑤の各動作に対し，それぞれクロックサイクル $T_1 \sim T_5$ を割り振ったが，独立した 3 ラインのバスを使ってデータ伝送する 3 バス方式を採用するなら，これらの動作は，1 クロックサイクルで実行される．

（2） 3 バス方式

COMET II-STAR は，1 バス方式を採用しているのでバスに出力を接続できるのは 1 個のレジスタに限られる．ALU で演算を実行するには，2 クロックサイクルで各レジスタのデータをそれぞれ A レジスタ，B レジスタに転送し，次のクロックサイクルで結果を格納することにより，それぞれのデータがバス上で衝突することを防いでいる．このため，ALU を使用した演算には 3 ステートのクロックサイクルを必要とする．

一方，図 7.10 のように，ALU の A, B 入力と接続する A, B バス，ならびに，シフタに接続される R バスの，3 バス方式を採用するなら，バス上でデータ衝突することはないので，1 クロックサイクルで ALU 動作を完了させることができる．

（3） 演算命令

レジスタ間の算術減算命令：SUBA GR0, GR7 の実行動作の流れは，図 7.11 に示すように，データ転送命令における②の動作で，Zero レジスタの代わりに，GR0 の内容を ALU の A レジスタにロードすることと，③の ALU 動作（SUB）を除いて，それ以外はデータ転送命令と同じ動作を実行する．他の演算命令も同じような動作の流れとなる．

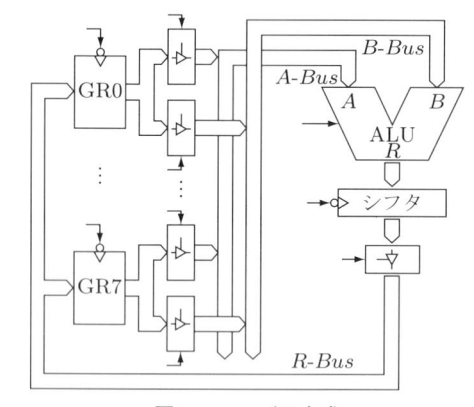

図 7.10　3 バス方式

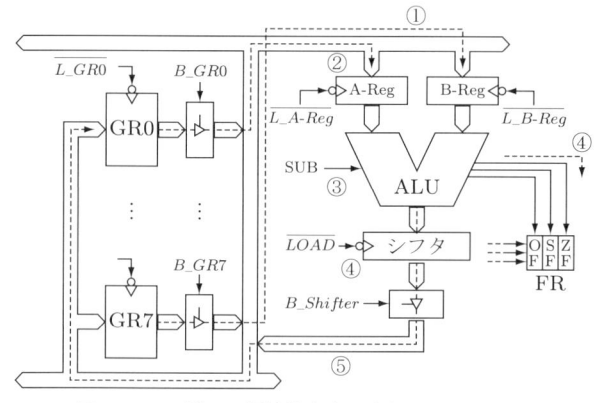

図 7.11　レジスタ間演算命令の実行サイクル動作

◆ 7.5　レジスタ・メモリ間操作命令の実行サイクル
（1）データ転送命令

　LD GR0, adr, GR1 の命令を取り上げ，図 7.12 に従って，レジスタ・メモリ間データ転送命令の実行動作を説明する．転送されるデータは，データメモリの RAM に記憶されているものとする．図中の破線は EA 計算の流れを，実線はオペランドの取り出しから結果格納までの流れを示す．

　レジスタ・メモリ間操作命令は，2 語長命令で，第 2 語目はオペランドのアドレス部である．命令実行サイクルでは，最初に，EA を計算する．

■ 実効アドレス EA の計算

① 命令フェッチサイクルで，OP コードがデコードされ，レジスタ・メモ

7.5 レジスタ・メモリ間操作命令の実行サイクル　*153*

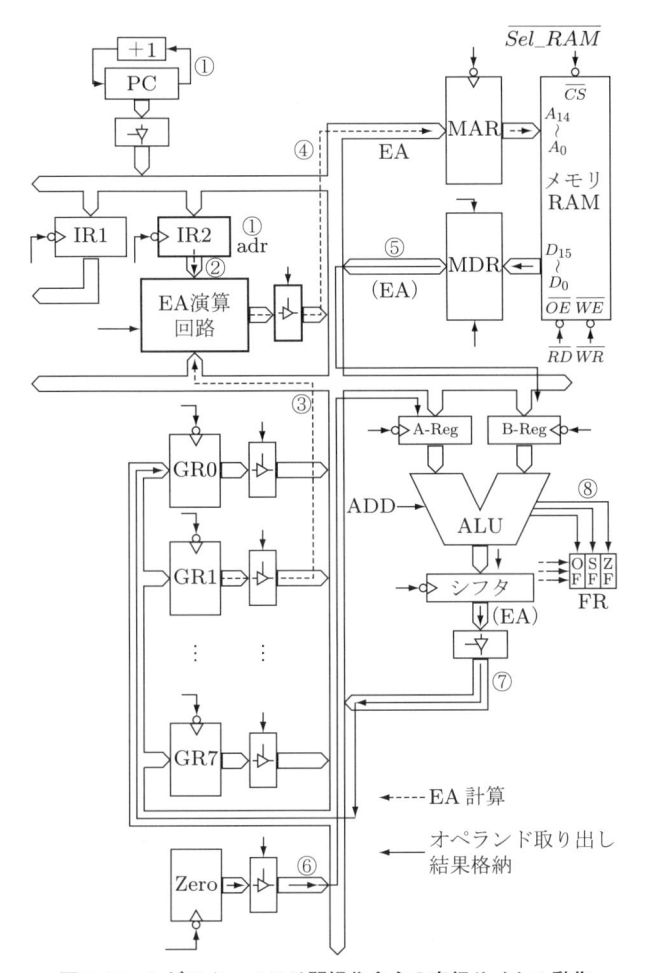

図 7.12　レジスタ・メモリ間操作命令の実行サイクル動作

リ間データ転送命令であることが解読された後，第 2 語目の adr が命令フェッチサイクルと同じ動作でメモリから IR2 に読み出される．読み出し完了後，PC の内容は，+1 される．
② IR2 の内容，すなわち，adr が EA 演算回路にロードされる．
③ 指標レジスタ GR1 の内容が EA 演算回路にロードされる．指標レジスタの指定がないときは，Zero レジスタの内容がロードされる．
④ EA 演算回路で EA = (GR1) + adr が計算され，メモリアドレスが指定

される．

■ **オペランドの取り出し〜結果格納**

⑤ メモリから（EA）が読み出され，MDR を経由して ALU の B レジスタにロードされる．

⑥ A レジスタには，Zero レジスタから #0000 がロードされる．

⑦ 加算結果，すなわち，（EA）が GR0 に格納される．

⑧ 加算結果に応じて SF と ZF の内容が変化し，OF に 0 が設定されることは，レジスタ間転送命令と同じである．

（2） 演算命令

ADDA GR0, adr, GR1 の算術加算命令を取り上げる．データ転送命令の，⑥の動作で，Zero レジスタの代わりに，汎用レジスタ GR0 を選択することによって，データ転送命令と同じ動作で，この算術加算命令が実行される．加算結果は，FR のすべてのフラグに影響を及ぼす．

なお，他の算術論理加減算，論理演算の実行サイクルも同じような動作の流れになる．

◆ 7.6 条件付き分岐命令の実行サイクル

条件付き分岐命令の実行サイクルでは，FR の内容を判断し，その結果によって PC を制御する．分岐条件を満足するときは，PC に EA をロードすることによって，EA 番地に分岐する．満足しないときは，PC の内容を変化させない．

一方，無条件分岐命令では，PC に EA をロードすることにより，強制的に EA 番地に分岐する．

図 7.13 をもとに，条件付き分岐命令の実行サイクル動作を説明する．

① レジスタ・メモリ間操作命令と同じ動作によって，プログラムメモリから adr を取り込み，実効アドレス EA を計算する．

② FR の値から，非分岐と判定されたときは，次命令のフェッチサイクルに移行する．分岐と判定されたときは，次の③が実行される．

③ EA を PC にロードする．

7.6 条件付き分岐命令の実行サイクル　155

指標レジスタの指定がないとき

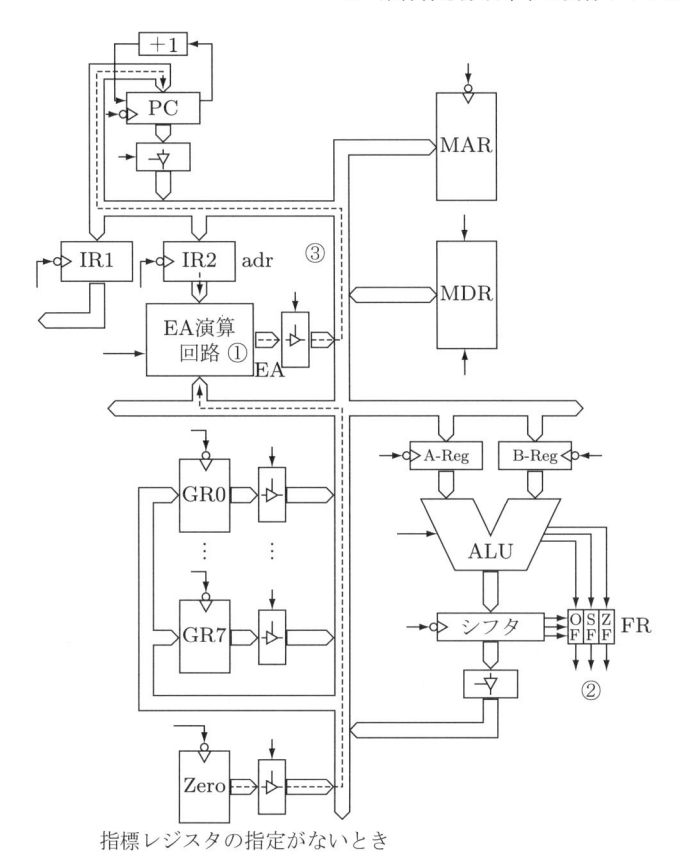

図 7.13　条件付き分岐命令の実行サイクル動作

例題 7.3

COMET Ⅱ-STAR では，EA を求める計算に ALU を使わず，専用の論理加算回路で実行させている理由を，分岐命令を例に述べよ．

解答　COMET Ⅱ の機械語命令の仕様によれば，分岐命令の実行によって FR の内容は変化しない．分岐先のアドレスを ALU で計算すると，ALU に直結された FR の内容が変化し，仕様を満たさない．

◆ 7.7 スタック操作命令の実行サイクル

（1） PUSH 命令

PUSH 命令の実行サイクルでは，EA を計算したのち，SP の内容を −1 し，(SP) 番地に EA を格納する．この間の流れを，図 7.14 をもとに，説明する．

SP の初期値は，普通，プログラムの先頭で設定される．十分な容量のスタック領域が確保されるように，SP の初期値が選ばれる．

① 図 7.12 で示した動作の流れで，EA が計算され，結果が EA 演算回路に一時保存されているとする．
② SP の内容が −1 される．
③ (SP) が MAR にロードされ，データメモリのアドレスが設定される．
④ EA がデータメモリの (SP) 番地に書き込まれる．

（2） POP 命令

POP 命令は，(SP) 番地に記憶された内容を，汎用レジスタ GR にロードし，その後，SP の内容を +1 する．図 7.15 は，POP 命令実行動作の流れを説明したものである．

① (SP) が MAR にロードされ，データメモリのアドレスが指定される．
② MDR を介して，(SP) 番地の内容がバスにロードされる．

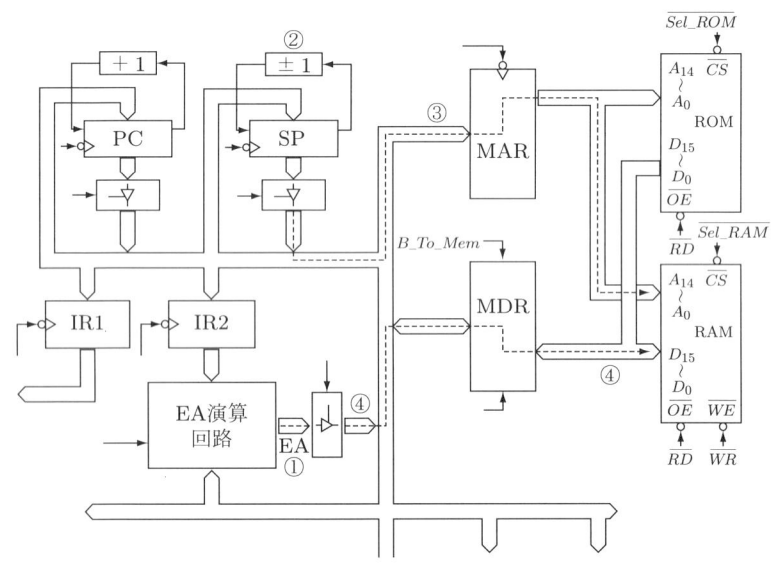

図 7.14　PUSH 命令の実行サイクル動作

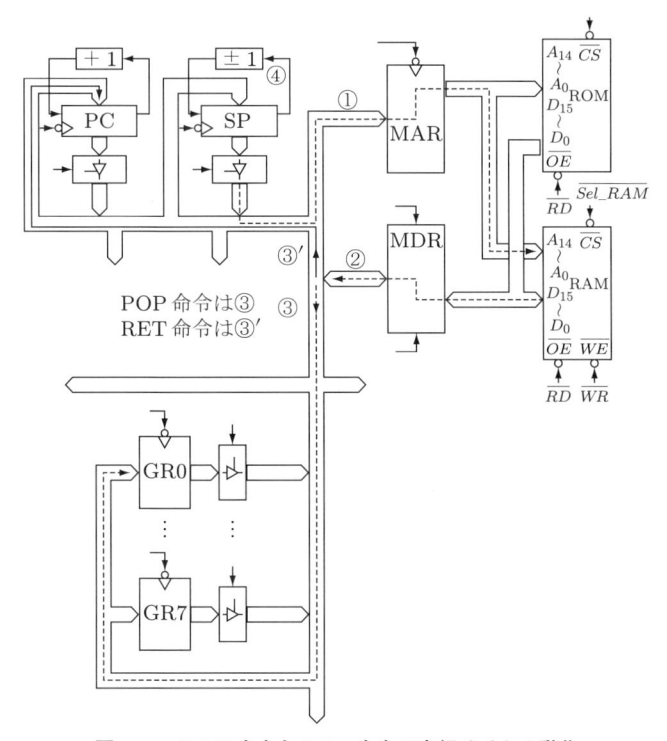

図 7.15　POP 命令と RET 命令の実行サイクル動作

③　バス上のデータが GR にロードされる．POP 命令は，FR の値を変化させないので，データは ALU を通さず，直接，GR にアクセスされる．
④　SP の内容が +1 される．

◆ 7.8　コール・リターン命令の実行サイクル

(1) CALL 命令

CALL 命令の EA は，サブルーチンの先頭アドレスとなる．実行サイクルでは，まず，EA を計算したのち，SP の内容を −1 してデータメモリの (SP) 番地に PC の内容を格納する．さらに，PC に EA をロードする動作を行う．この間の流れを，図 7.16 で説明する．

①　EA が計算され，EA 演算回路内のレジスタに結果が一時保存されているものとする．EA の計算に必要な，CALL 命令の第 2 語（アドレス部）がプログラムメモリから読み出されると，PC には，CALL 命令の次に記

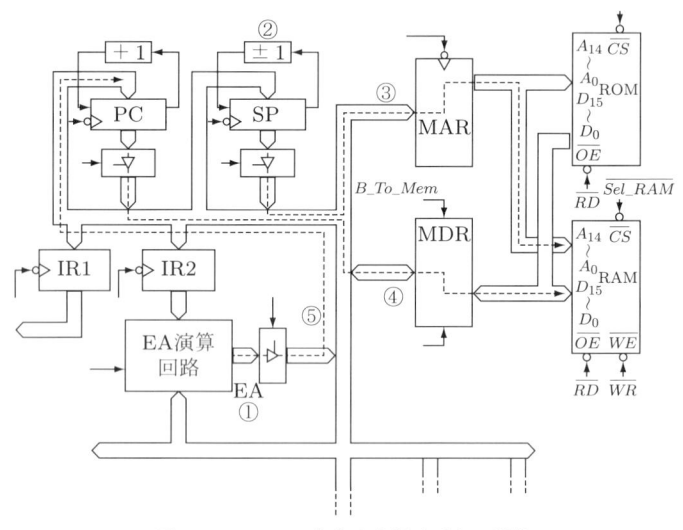

図 7.16　CALL 命令の実行サイクル動作

述された命令の先頭アドレス，すなわち，サブルーチンからの戻り番地が設定される．
② SP の内容が -1 される．
③ (SP) が MAR にロードされ，データメモリのアドレスが指定される．
④ (PC) がデータメモリの (SP) 番地に書き込まれる．
⑤ PC に EA がロードされる．

(2) RET 命令

POP 命令と RET 命令の違いは，POP 命令がスタック領域に格納されたデータを GR にロードするのに対して，RET 命令では GR に代わり，PC にロードする点にある．それ以外は，同じ動作をおこなう．

したがって，RET 命令の実行サイクル動作の流れは，図 7.15 の③に代わって，③'の流れとなる．

最後に，COMET Ⅱ-STAR の構成をまとめて図 7.17 に示す．

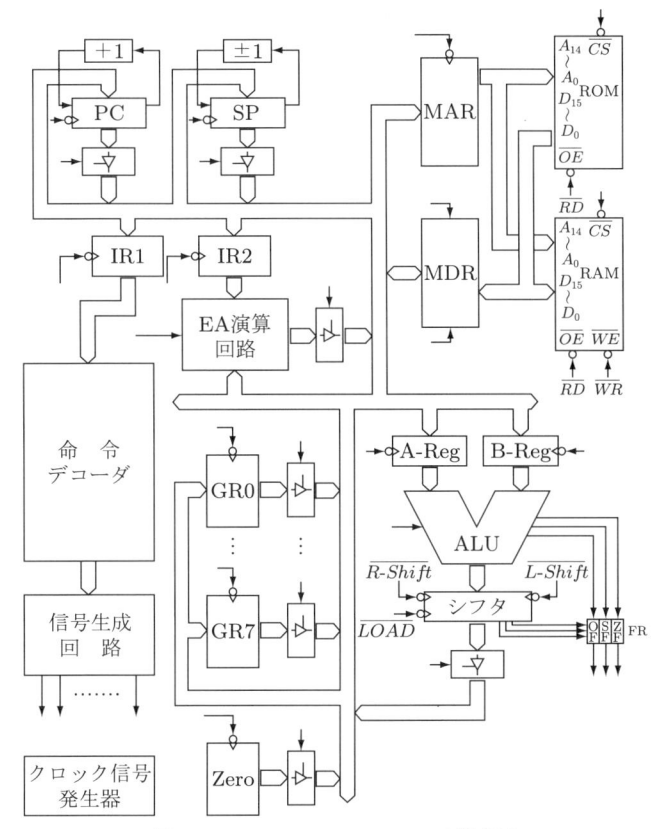

図 7.17　COMET Ⅱ-STAR の構成図

◆ 7.9　COMET Ⅱ-STAR の入出力

ここでは，COMET Ⅱ-STAR の CPU が，①どのような機械語命令を使って，②どのような回路で，外部機器から 16 ビットのデータを入出力するかを説明する．

（1）入出力方式と I/O ポートアドレス

I/O とは，input/output の略で，外部機器から CPU にデータを取り込むことを input，CPU から外部機器にデータ出力することを output という．外部機器と CPU の間には，I/O インタフェース（I/O interface）という回路が挿入され，この回路を通してデータが入出力される．CPU は，複数の外部機器と接続されるので，機器ごとに番号（I/O ポートアドレスという）を割り当

て，それぞれを識別している．I/O ポートアドレスを決める方式には，メモリマップド方式と I/O マップド方式がある．

メモリマップド方式は，I/O ポートアドレスがメモリと同じアドレス空間に配置される方式で，メモリのアクセスと同じ手続きで CPU は外部機器とデータのやり取りを行う．具体的には，アドレスバスで I/O ポートアドレスを決定し，メモリへの書き込み信号と同じ $\overline{WR}$ にてデータの出力タイミングが制御される．また，CPU へのデータ入力もメモリの読み出し信号 $\overline{RD}$ にて入力タイミングが制御される（図 7.18 (a)）．一方，I/O マップド方式は，メモリアドレス空間と I/O アドレス空間が独立しており，I/O 専用命令が用意され，入出力命令を実行すると，データの入出力タイミングを制御する特別な信号が出力される．例えば，入力は $\overline{IOR}$，出力は $\overline{IOW}$ という信号が出力される（図 7.18 (b)）．

COMET II-STAR の I/O 方式は，メモリマップド方式とする．

（2） COMET II-STAR の I/O インタフェース

ここでは，COMET II-STAR の I/O インタフェース設計を例に，メモリマップド方式における I/O 命令と入出力タイミングについて考えてみよう．

【例】 I/O インタフェース設計

COMET II-STAR と外部機器を接続する I/O インタフェースを設計する．I/O 空間は，#F000 〜 #FFFF とする（図 7.19）．

ただし，ここでは，入出力チャンネル数を，それぞれ 1 チャンネルとし，入力の I/O ポートアドレスを #FFFF，出力の I/O ポートアドレスを #FFFE とする．また，簡単のため，#F000 〜 #FFEF の I/O ポートアドレスは，使用されないものとする．

■ **入出力命令と入出力タイミング**

メモリマップド方式において，入力は LD 命令，出力は ST 命令で実行される．EA には I/O ポートアドレスが設定される．

① LD　　r, #FFFF ； r ← 外部データ
② ST　　r, #FFFE ； (r) → 外部出力

①の命令は，EA で指定された I/O ポートからのデータを汎用レジスタ r に入力する．②は，r の内容を EA で指定された I/O ポートに出力する．

図 7.20 は，I/O インタフェースで使用する信号のタイミングチャートの概念図である．

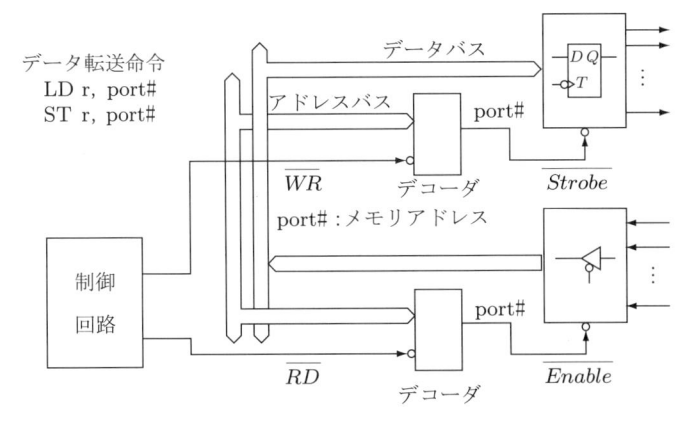

7.9 COMET Ⅱ-STAR の入出力   161

```
データ転送命令
  LD r, port#
  ST r, port#
```

（a）メモリマップド方式

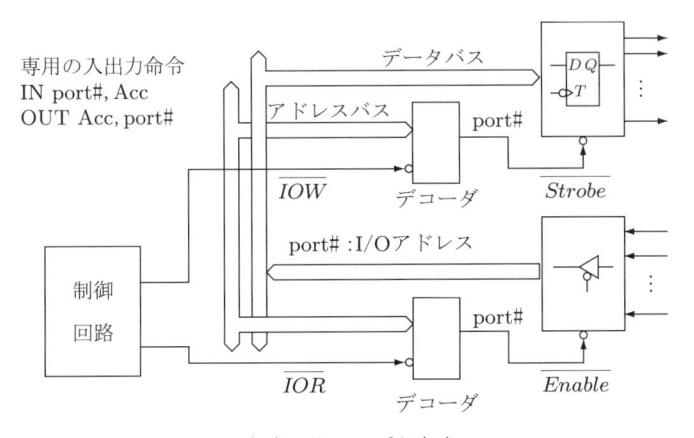

```
専用の入出力命令
  IN port#, Acc
  OUT Acc, port#
```

（b）I/Oマップド方式

図 7.18　I/O 方式

入力タイミング：読み出し信号 $\overline{RD}$ がアクティブな時点で，データバス上にある $D_{15} \sim D_0$ を r にロードする．したがって，インタフェース回路の遅れを考慮するなら，$\overline{RD}$ が L 状態の間，入力したい有効なデータがデータバスに接続されていることが必要となる．

出力タイミング：書き込み信号 $\overline{WR}$ が L 状態の間，r の内容がデータバス上に出力される．したがって，$\overline{WR}$ の立ち下がりを出力タイミングに選べばよい．

I/O ポートアドレス：$\overline{RD}$, $\overline{WR}$ が L 状態の間，アドレスバスには，有効

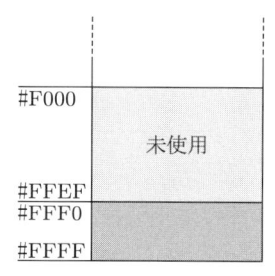

```
              #F000
              ┌─────────────┐
              │             │
              │    未使用    │
              │             │
              #FFEF         │
              #FFF0 ┌───────┤
              │     ░░░░░░░ │
              #FFFF └───────┘
```

図 7.19 I/O 空間

(a) 入力 — アドレスバス: $A_{15} \sim A_0$、データバス: $D_{15} \sim D_0$、$\overline{RD}$
$\overline{RD}$ が L 状態の間に, 外部機器のデータをデータバスに接続

(b) 出力 — アドレスバス: $A_{15} \sim A_0$、データバス $D_{15} \sim D_0$、$\overline{WR}$
$\overline{WR}$ の立ち下がりに同期させて, データバス上のデータを外部機器に出力

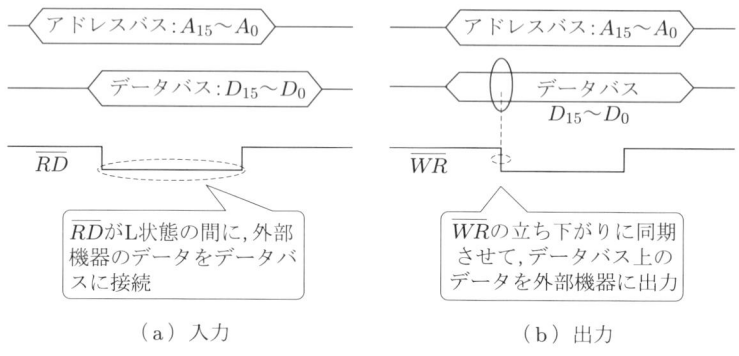

図 7.20 入出力タイミング

な I/O ポートアドレスが出力される.よって,アドレスバスの $A_{15} \sim A_0$ で I/O ポートを選択すればよい.

■ **I/O インタフェース回路**

図 7.21 は,I/O インタフェース回路の一例である.

外部機器との接続: 外部機器からのデータは,3 ステートバッファを介してデータバスに接続される.また,外部機器には,データバスに接続したレジスタを介して出力する.レジスタを介して外部機器へ出力する理由は,出力データを一旦保持するためで,特別な理由はない.

I/O ポートアドレスの選択: ①の LD 命令を実行すると,#FFFF がアドレスバスに出力される.同様に,②の ST 命令を実行すると #FFFE がアドレスバスに出力される.

図 7.19 のとおり,I/O ポートアドレスは,#FFF0 〜 #FFFF の範囲に限定される.また,#F000 〜 #FFEF は未使用なので,この範囲のアドレスがアクセスされることはない.よって,3 ステートバッファとレジスタの選択信号

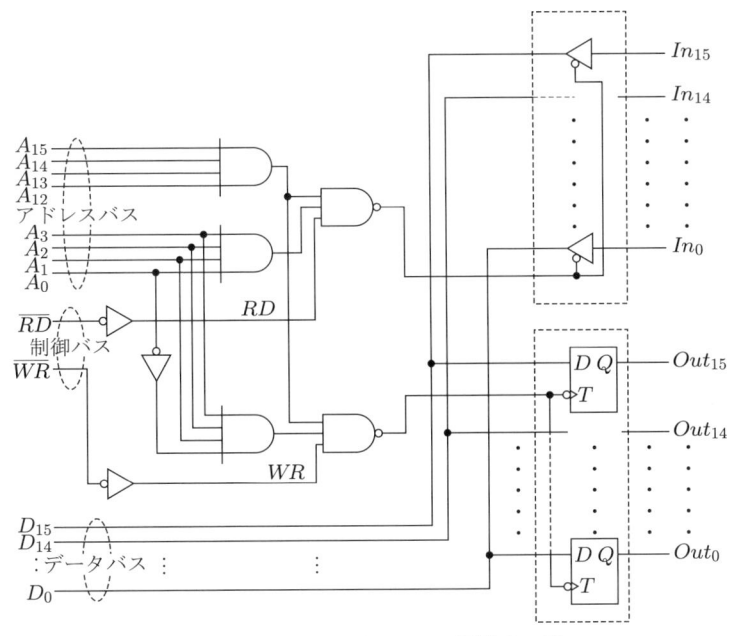

7.9 COMET II-STAR の入出力   163

図 7.21 I/O インタフェース回路の一例

は，アドレスバスの上位 4 ビットと下位 4 ビットをデコードすることによって得られる．

■ **回路動作**

入　力：①の LD 命令が実行されると，MAR を介してアドレスバスに I/O ポートアドレスの #FFFF が出力される．この間，$\overline{RD}$ がアクティブになるので，アドレスバスの上位 4 ビット $A_{15} \sim A_{12}$，下位 4 ビット $A_3 \sim A_0$，および，RD を入力とする NAND 回路の出力によって 3 ステートバッファの制御信号をアクティブにする．この結果，3 ステートバッファを介して外部機器のデータラインがデータバスに接続される．以下，レジスタ・メモリ間のデータ転送命令と同じ動作で，データバス上のデータが汎用レジスタ r にロードされる．

出　力：②の ST 命令を実行すると，入力と同じように，アドレスバスに I/O ポートアドレスの #FFFE が出力される．この間，データバスに r の内容が出力される．$\overline{WR}$ の立ち下がりエッジでレジスタにデータバスの内容を出力する．これによって，r の内容が外部機器に出力される．

◆ 7.10 COMET Ⅱ-STAR の割り込み機能

これまで，COMET Ⅱ の機械語命令で動作する CPU の構成を考えてきた．本節では，最初に，①電源投入直後における CPU の初期動作を取り上げる．その後，②SVC 命令の実行サイクル動作について考える．

（1）リセット処理

コンピュータに電源が投入された直後の，CPU の各レジスタの内容は，ランダムな状態である．命令実行順序を制御する PC にランダムなアドレスが設定されるとコンピュータは暴走する．暴走を避けるには，電源投入直後，PC に，プログラムの先頭を指示する所定のアドレスを初期設定することが必要である．

COMET Ⅱ-STAR の CPU は，電源投入タイミングによってパワーオンリセット回路で生成されるリセット信号を受け付け，あるいは，スイッチ操作で生成されるリセット信号を受け付け，PC など，特定のレジスタを初期設定する．

COMET Ⅱ-STAR の CPU は，リセット信号を受け付けると，0 番地に書き込まれているプログラムの先頭アドレスを PC にロードする．このような PC 初期設定のやり方をリセットベクタ方式という．また，プログラムの先頭アドレスが書き込まれたメモリアドレスのことをリセットベクタアドレス（reset vector address）という．

リセットベクタ方式のほかに，PC 初期設定のやり方として，固定のメモリ領域に無条件分岐命令を書き込んでおき，その固定メモリ領域の先頭アドレスを CPU の初期動作で PC にロードする方法もある．この方式では，分岐先からプログラムが開始される（例題 7.4）．

（2）SVC 命令による内部割り込み

COMET Ⅱ-STAR では，SVC 命令の実行によって，SP と PC が次のよう

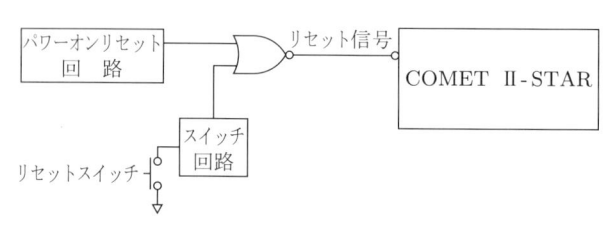

図 7.22 リセット処理

に動作する（例題6.12参照）．

① SP ← (SP)−L1 ；割り込み処理プログラムからの戻り番地を
② (SP) ← (PC) ；スタック領域に保存
③ (PC) ← (EA) ；(EA)番地に分岐

■ **SVC命令の実行サイクル動作**

①，②の動作は，CALL命令で戻り番地をスタック領域に一時保存する動作と同じである（図7.16参照）．CALL命令との違いは，③の分岐動作である．CALL命令ではEA番地に分岐するが，SVC命令では（EA）番地に分岐する．この動作は，レジスタ・メモリ間操作命令の実行サイクル動作を説明する図7.12において，メモリから読み出された（EA）を，ALUを経由せず，直接PCにロードすることで実現される．

■ **ベクタテーブル**

割り込み処理プログラムの先頭アドレスが書き込まれたメモリアドレスを割り込みベクタアドレスといい，COMET II-STARでは，表7.2に示すように，各処理プログラムごとに#10〜#14番地が割り振られている．この表を，割り込みベクタテーブルという．

表7.2 COMET II-STARの割り込みベクタテーブル

割り込みベクタアドレス	割り込み処理プログラムの先頭アドレス	処理機能
#10番地	#XXXX	プリンタに1文字印字
#11番地	#YYYY	―
#12番地	―	―
#13番地	―	―
#14番地	―	―

―― 例題 7.4 ――

無条件分岐命令を使ったリセット処理方式によって，#8000番地からプログラムを開始する方法を考えよ．

解答 0〜1番地に，無条件分岐命令：JUMP #8000を書き込んでおき，リセット動作でPCに0番地を初期設定すればよい．

7.11 パイプライン処理

COMET II-STARでは，1命令ごとに，①命令の取り出し（IF）→②命令デコード（ID）→③実効アドレス計算（EA）→④オペランド取り出し（OF）→⑤命令実行（EX）→⑥結果格納（WB）の順に，それぞれの処理行程をシリアルに処理するCPUを設計してきた．これら①〜⑥を独立の専用回路で処理するなら，一つの命令の処理を終えたのち，直ちに次の命令を処理でき，複数の命令を同時にパラレル処理することが可能になる．それによって，CPU処理速度の高速化が期待できる．

（1）改良版 COMET II-STAR

パイプライン処理（pipeline processing）を説明するため，COMET II-STARに次のような改良を加える．

◇各行程を専用回路（モジュール）で処理する構成とする．

◇オペランド取り出し（OF）と，命令実行（EX）を同じモジュールで実行する．この二つの行程をまとめてEX行程とする．

このような改良版COMET II-STARにおいて，レジスタ・メモリ間操作命令のうちのLD命令や演算命令は，次のような行程で1命令が実行される．

$$\boxed{\text{IF}} \rightarrow \boxed{\text{ID}} \rightarrow \boxed{\text{EA}} \rightarrow \boxed{\text{EX}} \rightarrow \boxed{\text{WB}}$$

また，レジスタ間演算命令はEAが省かれた次の行程となる．

$$\boxed{\text{IF}} \rightarrow \boxed{\text{ID}} \rightarrow \boxed{\text{EX}} \rightarrow \boxed{\text{WB}}$$

さらに，分岐命令では，WB行程でPC ← EAの動作を行い，

$$\boxed{\text{IF}} \rightarrow \boxed{\text{ID}} \rightarrow \boxed{\text{EA}} \rightarrow \boxed{\text{WB}}$$

の行程で命令が実行される．

このように，命令によっては実行されない行程があっても，基本的に

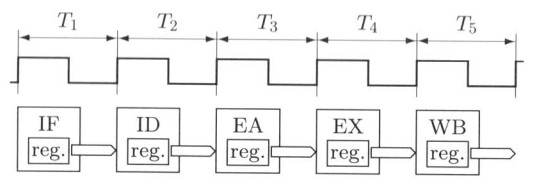

IF: instruction fetch
ID: instruction decode
EA: effective address calculation
EX: instruction execution
WB: write/store back

図 7.23　改良版 COMET II-STAR の命令サイクル

COMET Ⅱの機械語命令は，IF → ID → EA → EX → WB の各行程を経て実行される．

改良版 COMET Ⅱ-STAR は，これらの行程の動作サイクルを同じにするため，処理時間の最も遅いモジュールにあわせてクロックサイクルを決める．さらに，モジュール間のデータ受け渡しは，レジスタを介して行うものとする．

(2) パイプライン処理

この改良版 COMET Ⅱ-STAR では，各専用モジュールが所定の動作を終えると，次の命令まで何も動作しない空き時間が生じ，専用モジュール化の効果が薄い．そこで，専用モジュール化の効果を高めるため，図7.24に示すように，各行程を処理する専用モジュールが1命令の処理を終えると，直ちに次の命令を実行するように工夫するなら，すべての専用モジュールが並列的に動作することになり，専用モジュールの動作効率は高まり，処理速度を向上させることができる．

改良版 COMET Ⅱ-STAR のように，1命令を5行程で処理する方式なら，5命令のパラレル同時処理が可能で，計算上は5倍の処理速度となり，プログラム処理速度は大いに向上する．このような，処理方法をパイプライン処理という．また，IF, ID, EA, EX, WB の各行程をパイプラインステージ（pipeline stage）という．

(3) パイプラインハザード

パイプライン処理は，IF → ID → EA → EX → WB の5ステージが，同時にパラレル処理されたとき処理速度の高速化が期待できる．しかし，パラレル同時処理ゆえに，パイプラインの流れに乱れが生ずる問題は避けられない．こ

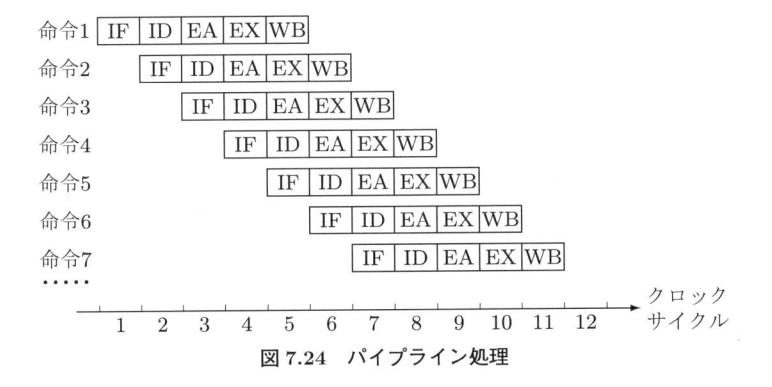

図7.24 パイプライン処理

168　第7章　制御アーキテクチャ

れを，パイプラインハザード（pipeline hazard）という．パイプラインハザードには，①データハザード，②制御ハザード，③構造ハザードがある．

① **データハザード**

　　　命令1　　LAD　　　GR1, #0002
　　　命令2　　ADDA　　GR1, #8500
　　　　　　　……

この命令に対するパイプライン処理の流れを図7.25に例示する．命令2のEXステージでは，命令1のWBステージで格納されたGR1を使って算術加算を実行する．しかし，命令2のEXステージと命令1のWBステージは，パラレルに実行されるため，GR1に結果が格納されていない状態でも，命令2のEXステージでGR1を読み出すことになる．このようなハザードをデータハザードという．データハザードに対しては，命令1のWBステージが終わるまで命令2のEXステージの実行を停止させることによって対処せざるを得ない．この停止したサイクルのことをストール（stall）という．

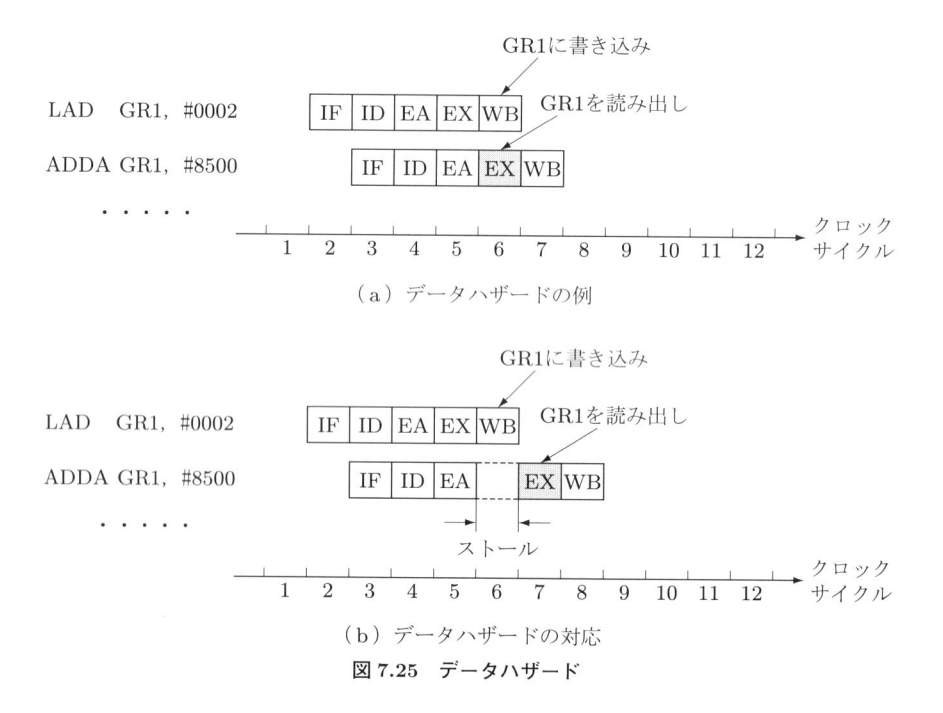

```
                              GR1に書き込み
                                 ↓
                          ┌──┬──┬──┬──┬──┐
LAD  GR1, #0002           │IF│ID│EA│EX│WB│ GR1を読み出し
                          └──┴──┴──┴──┴──┘   ↓
                              ┌──┬──┬──┬──┬──┐
ADDA GR1, #8500               │IF│ID│EA│EX│WB│
                              └──┴──┴──┴──┴──┘
  ‥‥‥                                          クロック
        ├──┼──┼──┼──┼──┼──┼──┼──┼──┼──┼──┼──→  サイクル
        1  2  3  4  5  6  7  8  9 10 11 12
                  （a）データハザードの例


                              GR1に書き込み
                                 ↓
                          ┌──┬──┬──┬──┬──┐
LAD  GR1, #0002           │IF│ID│EA│EX│WB│ GR1を読み出し
                          └──┴──┴──┴──┴──┘       ↓
                              ┌──┬──┬──┐    ┌──┬──┐
ADDA GR1, #8500               │IF│ID│EA│    │EX│WB│
                              └──┴──┴──┘    └──┴──┘
  ‥‥‥                         ←──→
                                ストール                クロック
        ├──┼──┼──┼──┼──┼──┼──┼──┼──┼──┼──┼──→  サイクル
        1  2  3  4  5  6  7  8  9 10 11 12
                  （b）データハザードの対応
                   図7.25　データハザード
```

② 制御ハザード

　　　命令1　　　　　　　　JMI　　　LABEL
　　　命令2　　　　　　　　ADDA　　GR1, #8500
　　　　　　　　　　　　　　……
　　　命令3　　LABEL　　　SUBA　　GR1, #8500
　　　　　　　　　　　　　　……

以上のような，条件付き分岐命令を含むプログラムのパイプライン処理では，命令1の分岐条件が満たされたとき，命令2に続く，数命令の処理結果は破棄され，分岐先の，命令3のIFステージから実行することになり，処理効率が低下する．

この対策として，それまでの分岐履歴をもとに，命令1に続いて実行する命令を"予測"することによって，破棄する命令を低減する方法などが採られている．

③ 構造ハザード

同じハードウェア要素を同時にアクセスすることによって生ずる，パイプライン処理の構造的なハザードである．例えば，IF行程は，データバスを介してプログラムメモリから機械語命令を読み出す．WB行程は，同じデータバスを介してデータメモリに演算結果を書き込む．IF行程とWB行程が同じクロックサイクルで実行されると，データバス上でデータの衝突・競合が発生する．

CPUは，メモリとのアクセスを頻繁に繰り返すので，別々のバスを使ってプログラムメモリとデータメモリとのアクセスを行うなら，構造ハザードの多くは回避される．それを実現する制御装置の方式として，ハーバードアーキテクチャ（harvard architecture）がある．

(4) ハーバードアーキテクチャ

ハーバードアーキテクチャは，プログラムメモリ用のバスとデータメモリのバスを，それぞれ専用に備えた制御方式のことで，1940年代にIBM社で開発されたHarvard Mark Iというリレーコンピュータが語源とされている．

命令フェッチから実行までの動作で学んできたように，ノイマンコンピュータでは，同じデータバスを使って，命令の読み出しも，データの読み出し・書き込みも行っている．このため，データバスが頻繁に使用され，コンピュータの処理速度向上のネック（フォン・ノイマン・ボトルネックという）となっていた．ハーバードアーキテクチャは，このボトルネックを解消するアーキテク

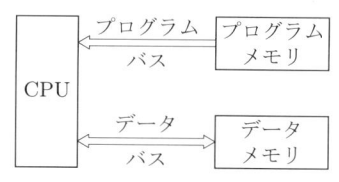

図 7.26 ハーバードアーキテクチャ

チャである．また，プログラム領域に格納された機械語命令の読み出しと，データ領域に格納されたオペランドの読み出しや結果の書き込みを，並列実行するパイプライン処理に必要なアーキテクチャでもある．

高性能の CPU には，小規模であるが高速なキャッシュメモリが内蔵されており，処理速度の高速化を実現している．普通，キャッシュメモリは，命令を格納する命令キャッシュとデータを格納するデータキャッシュを別々に備え，ハーバードアーキテクチャを構成している．

この章の終わりに，CPU 形式を分類するのによく使われている RISC と CISC について簡単に触れておく．

(5) RISC と CISC

■ **RISC**

RISC は，reduced instruction set computer（縮小命令セットコンピュータ）の略で，命令の種類を少なくして CPU の内部構造を単純化することにより，処理速度を高めることを狙いに設計されたものである．RISC-CPU の制御方式には，ワイヤードロジック方式が採用されている．また，命令セットも固定長命令で構成されている．

RISC-CPU は，その設計思想として"使用頻度の高い命令"に限定していることから，複雑な命令の実行には不向きという短所がある．

■ **CISC**

RISC に対する CPU タイプとして CISC-CPU がある．CISC は，complex instruction set computer（複雑命令セットコンピュータ）の略で，高度な機能をもつ多くの命令セットや，多くの種類のアドレッシングモードをサポートする．CISC は，RISC が出現する前の CPU タイプである．CISC-CPU の制御方式は，マイクロプログラム方式である．マイクロプログラム方式は，設計変更が容易であることから，命令の高機能化が次々と進められてきた．その結果，内部構造が複雑になり，処理速度の向上が見込めなくなった．このよう

な背景から，高速化を狙いに RISC が出現したのである．
　現在の高機能コンピュータは，従来の CISC 的な命令セットを踏襲しながらも，内部的には RISC 思想で設計されている CPU が多く，RISC と CISC を明確に区別することは困難になっている．

▶▶まとめ＆展開◀◀

　この章では，COMET II の機械語命令によって動作する CPU を，ブロック図レベルで設計してきた．この設計を通して，コンピュータが動作する基本的な仕組みを学んだ．
　ここで習得した知識は，実用 CPU の機能を理解するに十分なものである．次のステップとして，制御用コンピュータ（MCU）を動作させることを推奨する．MCU は安価で，容易に入手でき，また，パソコン上で動作するソフトウェア開発環境が，無償で提供されている．

演習問題

1. クロックサイクル数 CPI＝3 として，100000000（1億）命令を実行したときの処理時間を求めよ．ただし，CPU のクロック周波数は 1［GHz］とする．
2. 以下の命令について，実行サイクル動作の流れを，図 7.17 を用いて説明せよ．
　　（1） LAD GR0, #8500, GR7　　　（2） ST GR0, #8500, GR7

最後まで，よく頑張りました．

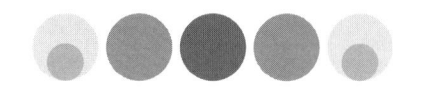

参考文献

1. 新保利和，松尾守之：電子計算機概論，森北出版，1987
2. 後藤宗弘：電子計算機，森北出版，1989
3. 都倉信樹：コンピュータ概論，岩波書店，1992
4. 福本　聡，岩崎一彦：コンピュータアーキテクチャ，昭晃堂，2005
5. 柴山　潔：コンピュータアーキテクチャの基礎，近代科学社，1993
6. 柴山　潔：ハードウェア入門，サイエンス社，1997
7. 曽和将容：コンピュータアーキテクチャ，コロナ社，2006
8. 野地　保：わかりやすく図で学ぶコンピュータアーキテクチャ，共立出版，2004
9. 堀 桂太郎：図解コンピュータアーキテクチャ入門，森北出版，2005
10. 青木征男：情報の表現とコンピュータの仕組み，ムイスリ出版，1999
11. 福嶋宏訓：情報処理試験 CASL II 完全合格教本，新星出版社，2001
12. 松田　勲，伊原充博：よくわかるディジタル IC 回路の基礎，技術評論社，1999
13. 赤堀　寛，速水治夫：基礎から学べる論理回路，森北出版，2002
14. 湯田春雄，堀端孝俊：しっかり学べる基礎ディジタル回路，森北出版，2006
15. 独立行政法人・情報処理推進機構：情報技術者試験出題範囲・アセンブラ言語の仕様，http://www.jitec.jp/1_13download/hani20061107.pdf，2007

演習問題解答

第1章
1. 略

第2章
1. (1) $(1111)_2$ (2) $(1000010101)_2$ (3) $(1000000000)_2$
   (4) $(1000\ 0000\ 0000)_2$ (5) $(0.1)_2$ (6) $(0.01)_2$
   (7) $(0.001)_2$ (8) $(0.0001)_2$ (9) $(1.11)_2$
2. (1) $(7C2.4)_{16}$ (2) $(AA.A)_{16}$ (3) $(2C.A8)_{16}$
3. (1) $(1110\ 1011)_2$ (2) $(1110\ 0000)_2$
4. 略
5. (1) $(41D8\ 0000)_{16}$ (2) $(3EC0\ 0000)_{16}$ (3) $(C0D0\ 0000)_{16}$
   (4) $(432A\ A000)_{16}$ (5) $(C32A\ A000)_{16}$
6. CPU
7. (1) 正 (2) 正 (3) 誤

第3章
1. (1) $(\overline{A}+B)\overline{B} = \overline{A}\,\overline{B} + B\overline{B} = \overline{A}\,\overline{B}$
   (2) $AB + AC + B\overline{C} = AB(C+\overline{C}) + AC + B\overline{C}$
   $\qquad\qquad\qquad = AC(B+1) + (A+1)B\overline{C} = AC + B\overline{C}$
   (3) $\overline{A}B\overline{C} + BCD + \overline{A}BD + \overline{A}B\overline{C}\,\overline{D} = \overline{A}B\overline{C} + BCD + \overline{A}B(C+\overline{C})D + \overline{A}B\overline{C}\,\overline{D}$
   $\qquad\qquad\qquad = \overline{A}B\overline{C} + (1+\overline{A})BCD + \overline{A}B\overline{C}(D+\overline{D}) = \overline{A}B\overline{C} + BCD$
2. (1) $A(1+B) + \overline{A}B = A + AB + \overline{A}B = A + (A+\overline{A})B = A + B$
   (2) $(A+\overline{B})(\overline{B}+C)(C+A) = (\overline{B}+AC)(C+A)$
   $\qquad\qquad\qquad = \overline{B}C + \overline{B}A + ACC + ACA = A\overline{B} + \overline{B}C + CA$
   (3) $\overline{AB} + \overline{A} = (\overline{A}+\overline{B}) + \overline{A} = \overline{A} + \overline{B}$
   (4) $\overline{\overline{A}B} + \overline{A\overline{B}} = (\overline{\overline{A}}+\overline{B})(\overline{A}+\overline{\overline{B}}) = (A+\overline{B})(\overline{A}+B)$
   $\qquad\qquad\qquad = A\overline{A} + AB + \overline{A}\,\overline{B} + B\overline{B} = AB + \overline{A}\,\overline{B}$

174 演習問題解答

3. （1） $f = B + \overline{A}C$　解表3.1，解図3.1参照　主加法標準形は略

解表3.1　真理値表

A	B	C	AB	$B(B+C)$	$\overline{A}C$	f
0	0	0	0	0	0	0
0	0	1	0	0	1	1
0	1	0	0	1	0	1
0	1	1	0	1	1	1
1	0	0	0	0	0	0
1	0	1	0	0	0	0
1	1	0	1	1	0	1
1	1	1	1	1	0	1

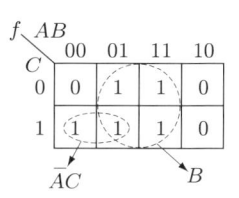

解図3.1　カルノー図表

4. （1） $f = A + \overline{B}C + \overline{C}D$　解表3.2，解図3.2参照
   （2） $f = ABC + \overline{A}\overline{B}C + \overline{B}C\overline{D} + \overline{B}CD$　解表3.3，解図3.3参照

解表3.2　真理値表

A	B	C	D	f
0	0	0	0	0
0	0	0	1	1
0	0	1	0	1
0	0	1	1	1
0	1	0	0	0
0	1	0	1	1
0	1	1	0	0
0	1	1	1	0
1	0	0	0	1
1	0	0	1	1
1	0	1	0	1
1	0	1	1	1
1	1	0	0	1
1	1	0	1	1
1	1	1	0	1
1	1	1	1	1

解表3.3　真理値表

A	B	C	D	f
0	0	0	0	0
0	0	0	1	0
0	0	1	0	0
0	0	1	1	1
0	1	0	0	1
0	1	0	1	1
0	1	1	0	1
0	1	1	1	0
1	0	0	0	0
1	0	0	1	1
1	0	1	0	0
1	0	1	1	1
1	1	0	0	1
1	1	0	1	0
1	1	1	0	1
1	1	1	1	1

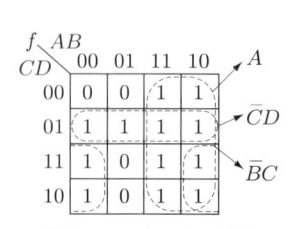

解図3.2　カルノー図表

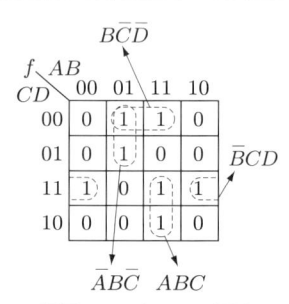

解図3.3　カルノー図表

第 4 章
1. 解図 4.1 参照

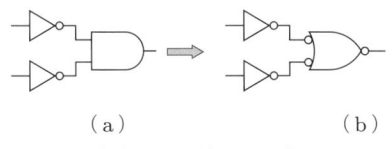

(a) (b)

解図 4.1 論理の一致

2. (1) 解図 4.2 参照　(2) 解図 4.3 参照

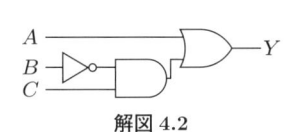

解図 4.2 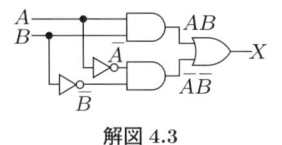　　　　　　　解図 4.3

3. 解図 4.4 参照

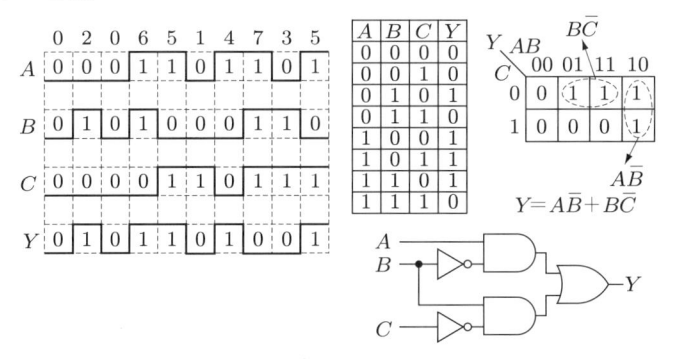

A	B	C	Y
0	0	0	0
0	0	1	0
0	1	0	1
0	1	1	0
1	0	0	1
1	0	1	1
1	1	0	1
1	1	1	0

$Y = A\bar{B} + B\bar{C}$

解図 4.4

4. 式 (4.11) を論理代数の公理を用いて次のように変形する．
$$C_o = AB + BC_i + C_iA = AB + (A+\bar{A})BC_i + A(B+\bar{B})C_i$$
$$= AB + ABC_i + \bar{A}BC_i + ABC_i + A\bar{B}C_i$$
$$= AB + ABC_i + \bar{A}BC_i + A\bar{B}C_i$$
$$= AB(1+C_i) + (\bar{A}B + A\bar{B})C_i$$
$$= AB + (A\oplus B)C_i$$

一方，$S = A \oplus B \oplus C$ であるから，A, B, C_i を入力，S, C_o を出力とする全加算器は，解図 4.5 の回路で実現される．

176　演習問題解答

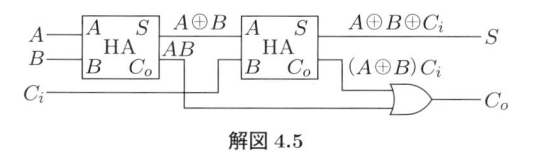

解図 4.5

5. 解図 4.6 参照

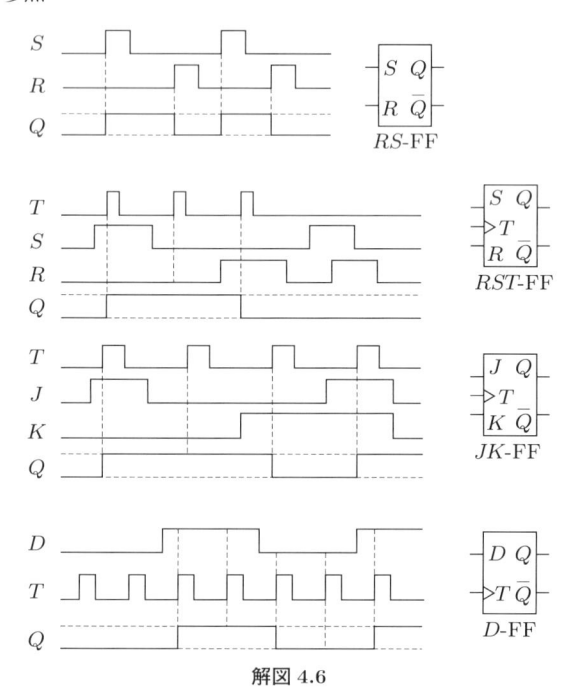

解図 4.6

6. （1）解図 4.7 参照　　（2）解図 4.8 参照

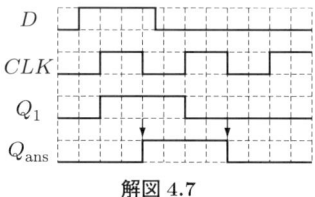

解図 4.7

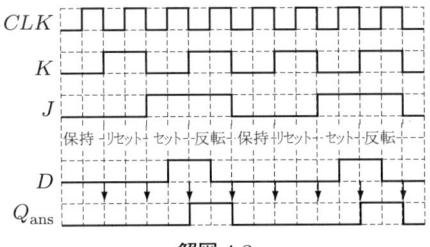

解図 4.8

第 5 章

1. 加数の最上位に符号ビット B_{16} を追加することで，$(B)_2$ の負数を 2 の補数で表すなら，減算：$(A)_2-(B)_2$ を加算：$(A)_2+(\overline{B})_2$ で実行できる．

ただし，B_{16} は考え方を説明するための仮想的な符号ビットであって，減算の実行にあたっては必要としない．つまり，図 5.5 の回路のままで論理減算の実行が可能である．

符号ビット B_{16} を必要としないことは，以下の簡単な例から推察できる．

【例】 5-1 の論理減算

```
          仮想的な符号ビット
              ↓
              0000 0000 0000 0101  : (5)₁₀
         +) [1]1111 1111 1111 1111  : (-1)₁₀
          1[0]0000 0000 0000 0100  : (4)₁₀
```

【例】 5-6 の論理減算

```
              0000 0000 0000 0101  : (5)₁₀
         +) [1]1111 1111 1111 1010  : (-6)₁₀
            [1]1111 1111 1111 1111  : (-1)₁₀
```

2. 例えば，以下の条件（解表 5.1）のとき，$(Y)_2 = (\overline{B})_2$ になる．

解表 5.1

	f_2	f_1	f_0	$(A)_2$
①	0	1	0	全ビット=0
②	1	1	1	全ビット=0

① $f_2=0$ であるから，算術加減算が実行される．$f_1=1$，また，$f_0=0$ であることから，$(Y)_2=(A)_2+(\overline{B})_2$ となる．さらに，$(A)_2=(0)_2$ であるから，$(Y)_2=(\overline{B})_2$

となる.

 ② $f_2=1$ であることから，ビットごとの論理演算となる．$f_1=1$，$f_0=1$ であることから，表 5.1 より，各ビットごとに，$Y=AB+\overline{A}\overline{B}$ の演算が実行される．さらに，$A=0$ であるから $Y=\overline{B}$ となる．

3. ① 算術加算：$(AAAA)_{16}$ ② ビットごとの論理積演算：$(8080)_{16}$
 ③ ビットごとの XOR 演算：$(5555)_{16}$

4. インクリメント演算：$f_2=0$，$f_1=0$ であるから，算術加算を実行する．また，$f_0=1$ なので，最下位 FA の桁上がり入力は 1 である．さらに，$(B)_2=0$ であることから，$(Y)_2=(A)_2+1$ となる．この式は，インクリメント演算である．

 デクリメント演算：$f_2=0$ であるから，算術加減算を実行する．また，$(B)_2=0$，$f_1=1$ なので，各 FA の入力 B は，すべて 1 である．さらに，$f_0=0$ なので最下位 FA の桁上がり入力は 0 である．よって，$(Y)_2=(A)_2+(FFFF)_{16}=(A)_2-1$ となる．この式は，デクリメント演算である．

5. 論理加減算は，キャリービット（C）のみでオーバーフローの判定ができる．
加算と減算に分けて考える．

 ① 論理加算では，結果が $2^{16}-1$ をオーバーしたとき，オーバーフローが発生する．したがって，$C=1$ がオーバーフローの判定条件となる．

 ② 論理減算では $C=0$ がオーバーフローの判定条件となる．

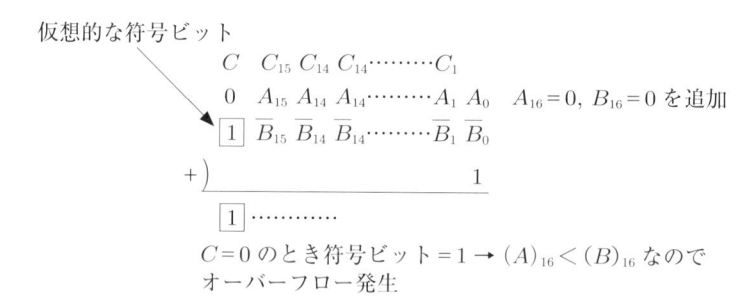

［参考］

```
       仮想的な符号ビット
                    C    C₁₅  C₁₄  C₁₄ ……… C₁
                    0    A₁₅  A₁₄  A₁₄ ……… A₁  A₀    A₁₆=0, B₁₆=0 を追加
                   [1]   B̄₁₅  B̄₁₄  B̄₁₄ ……… B̄₁  B̄₀
                +)                                1
                   ─────────────────────────────────
                   [1] …………
```

$C=0$ のとき符号ビット $=1$ → $(A)_{16}<(B)_{16}$ なのでオーバーフロー発生

第6章
1. 略
2. 解表 6.1 参照

解表 6.1

アドレス	機械語		第1語			第2語	語長	ラベル	プログラム	
		主OP	副OP	r/r1	x/r2	adr				
								PG	START	
#8000	#1210	#0005	#1	#2	#1	#0	#0005	2		LAD	GR1, 5
#8002	#1020	#8007	#1	#0	#2	#0	#8007	2		LD	GR2, DAT
#8004	#2012	#8007	#2	#0	#1	#2	#8007	2		ADDA	GR1, DAT, GR2
#8006	#8100		#8	#1	#0	#0		1		RET	
#8007	#0001							1	DAT	DC	1
#8008	#0003							1		DC	3
										END	

3. 略
4. 解表 6.2 参照

解表 6.2

アドレス		プログラム		EA	GR0	GR1	FR		
							O	S	Z
	PG	START							
		; 実効アドレスの例題							
#8000		LAD	GR1, #0001	#0001		#0001			
#8002		LAD	GR0, DAT	#801B	#801B	#0001			
#8004		LAD	GR0, DAT, GR1	#801C	#801C				
#8006		LD	GR0, DAT	#801B	#5555				
#8008		LD	GR0, DAT, GR1	#801C	#7777				
		; 算術論理加算の例題							
#800A		LAD	GR0, #0003						
#800C		LAD	GR1, #FFFF	#FFFF	#0003	#FFFF			
#800E		ADDA	GR0, GR1		#0002	#FFFF	0	0	0
#800F		LAD	GR0, #0003						
#8011		ADDL	GR0, GR1		#0002	#FFFF	1	0	0
		; 算術論理減算の例題							
#8012		LAD	GR0, #0003						
#8014		LAD	GR1, #FFFF						
#8016		SUBA	GR0, GR1		#0004	#FFFF	0	0	0
#8017		LAD	GR0, #0003						
#8019		SUBL	GR0, GR1		#0004	#FFFF	1	0	0
#801A		RET							
#801B	DAT	DC	#5555						
#801C		DC	#7777						
		END							

5. 解表 6.3 参照

解表 6.3

プログラム			GR1	GR2	GR3	GR4	FR		
							O	S	Z
PG	START								
	LD	GR1, A	#FFFF				0	1	0
	LD	GR2, B	#FFFF	#0001			0	0	0
	CPA	GR1, GR2	#FFFF	#0001			0	1	0
	LD	GR3, A	#FFFF	#0001	#FFFF		0	1	0
	LD	GR4, B	#FFFF	#0001	#FFFF	#0001	0	0	0
	CPL	GR3, GR4	#FFFF	#0001	#FFFF	#0001	0	0	0
	RET								
A	DC	#FFFF							
B	DC	#0001							
	END								

6. (1) (GR0) = #8F00　　(FR) = (010)$_2$
   (2) (GR0) = #FF0F　　(FR) = (010)$_2$
   (3) (GR0) = #0F00　　(FR) = (100)$_2$
   (2) (GR0) = #0F0F　　(FR) = (000)$_2$

7. 解表 6.4 参照

解表 6.4

プログラム			GR0	GR1	GR2	FR		
						O	S	Z
PG	START							
	LAD	GR0, 0	#0000					
	LAD	GR1, 1	#0000	#0001				
	LAD	GR2, 2	#0000	#0001	#0002			
	CPA	GR1, GR2	#0000	#0001	#0002	0	1	0
	JMI	LABEL	#0000	#0001	#0002	0	1	0
	LAD	GR0, 1						
LABEL	LD	GR1, GR0	#0000	#0000	#0002	0	0	1
	RET							
	END							

8. 解表 6.5 参照

解表 6.5

PG	START	
	PUSH	0, GR3
	PUSH	0, GR2
	PUSH	0, GR1
	LD	GR1, GR0
	PUSH	0, GR1
	POP	GR1
	POP	GR0
	POP	GR3
	POP	GR2
	RET	
	END	

9. 解表 6.6 参照

解表 6.6

アドレス	実行順序			PC	SP	メモリ		
						#8FFF	#8FFE	#8FFD
#8000		LAD	GR0, 0	#8002	#9000			
#8002		ST	GR0, DATA	#8004	#9000			
#8004		LD	GR1, DSAVE	#8006	#9000			
#8006		CALL	SUBR	#8009	#8FFF	#8008		
#8009	SUBR	PUSH	0, GR1	#800B	#8FFE	#8008	#5555	
#800B		CALL	COUNT	#800F	#8FFD	#8008	#5555	#800D
#800F	COUNT	LAD	GR1, 1	#8011	#8FFD	#8008	#5555	#800D
#8011		ADDA	GR1, DATA	#8013	#8FFD	#8008	#5555	#800D
#8013		ST	GR1, DATA	#8015	#8FFD	#8008	#5555	#800D
#8015		RET		#800D	#8FFE	#8008	#5555	
#800D		POP	GR1	#800E	#8FFF	#8008		
#800E		RET		#8008	#9000			
#8008		RET	;*OSに戻る*					

第 7 章

1. 処理時間 $T_d = 3 \times (1 \times 10^8)/(1 \times 10^9)\,[\text{s}] = 0.3\,[\text{s}]$

2. (1) LAD GR0, #8500, GR7：① 命令の第 2 語（#8500）が読み出され，IR2 に一時保存されているとする．② (GR7) と (IR2) が論理加算され EA が決定される．③ EA がバスを通して GR0 にロードされる（解図 7.1 参照）．

   (2) ST GR0, #8500, GR7：① 命令の第 2 語（#8500）が読み出され，IR2 に一時保存されているとする．② (GR7) と (IR2) が論理加算され EA が決定される．③ EA が MAR にロードされ，データメモリのアドレスが指定される．④ (GR0) がデータメモリの EA 番地に書き込まれる（解図 7.2 参照）．

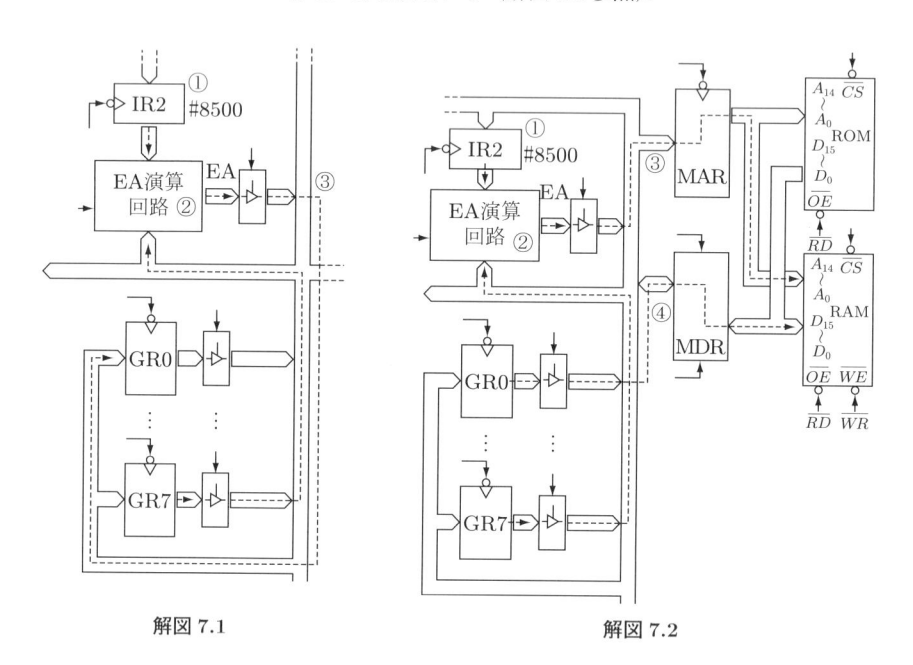

解図 7.1   解図 7.2

索引

英数

16 進法　11
1 バス方式　142
2 進法　10
2 の補数　16
3-state buffer　74
3 ステートバッファ　75
3 バス方式　151
ALU　2
AND 回路　54
AND 論理　39
arithmetic and logic unit　2
ASCII コード　31
assembler　108
BCD コード　28
binary digit　10
bit　10
byte　12
CALL 命令　129
carry　10
CASL Ⅱ　110
central processing unit　2
CISC　170
COMET Ⅱ　7, 98
COMET Ⅱ-STAR　139
complement　14
complex instruction set computer　170
computer architecture　7
CPA 命令　121
CPL 命令　121
CPU　2
CPU 外部バス　144
CPU 内部バス　142

D-FF　70
DC 命令　112
decimal number　9
decoder　61
destination operand　101
DS 命令　112
EA　105
EA 演算回路　142
EBCDIC コード　31
effective address　105
effective address calculation　145
encoder　61
END 命令　112
exclusive-OR　57
flag register　93
flip-flop　64
FR　99
full adder　60
general register　99
GR　99
H 状態　36
I/O インタフェース　159
I/O ポートアドレス　159
I/O マップド方式　160
IEEE 方式の浮動小数点数　25
instruction decode　145
instruction execution　145
instruction execution cycle　145
instruction fetch　145
instruction fetch cycle　145
instruction set　4
interrupt　132

IR1　144
IR2　144
ISO コード　31
JK-FF　69
LAD 命令　115
LD 命令　114
least significant bit　11
LIFO　127
LSB　11
L 状態　36
MAR　144
machine language　3
machine instruction　4
MCU　3
MDR　144
micro control unit　3
micro processing unit　2
MIL 記法　58
most significant bit　11
MPU　2
MSB　11
NAND 回路　56
NOR 回路　57
NOT 回路　54
NOT 論理　39
OF　93
operand　101
operand fetch　145
OP コード　101
OP コードフィールド　101
OR 回路　54
OR 論理　38
overflow　25
overflow flag　93

184 索　引

PC　99
pipeline processing　166
pipeline hazard　168
POP 命令　128
program counter　99
PUSH 命令　127
radix　9
reduced instruction set computer　170
RET 命令　130
RISC　170
RS-FF　64
RST-FF　68
selector　63
SF　93
sign flag　93
source operand　101
SP　99
stack pointer　99
START 命令　111
state　146
ST 命令　115
subroutine　126
SVC 命令　132
twos complement　14
wired logic control　141
word　12
XOR 回路　57
zero flag　93
Zero レジスタ　144
ZF　93

あ 行

アキュムレータ　101
アクティブ　144
アセンブラ　108
アセンブラ制御命令　111
アセンブリ言語　5, 108
アセンブル　108
アドレス　6, 98
アドレス定数　112
アドレスバス　144
イネーブル信号　142
インクリメント　87
エンコーダ　61
演算アーキテクチャ　7

演算装置　2
オーバーフロー　25
オペランド　101
オペランドフィールド　101

か 行

外部割り込み　132
カウンタ　70
書き込み信号　144
かさ上げ表現　19
加法標準形　43
カルノー図表　47
機械語プログラム　3
機械語命令　4
基数　9
基数変換　12
基本論理演算　37
基本論理回路　53
キャリービット　80
組み合わせ論理回路　58
位取り記数法　9
クロックサイクル　6, 146
桁上がり　10
構造ハザード　169
コール・リターン命令　129
固定小数点数　24
コンピュータアーキテクチャ　7

さ 行

最小項　44
最大項　46
算術加減算　79
算術加減算回路　82
算術シフト演算　89
算術論理加減算命令　117
実効アドレス　105
指標アドレス指定方式　106
指標レジスタ　104
シフト演算命令　122
シフトレジスタ　72
主加法標準形　44
主乗法標準形　44

順序回路　64
状態遷移表　66
乗法標準形　44
真理値　37
真理値表　37
スタック操作命令　126
スタックポインタ　99
ステート　146
ストール　168
正規化　25
制御アーキテクチャ　7
制御装置　2
制御ハザード　169
正論理　53
接頭語　34
セル　47
セレクタ　63
全加算器　60
ソースオペランド　101
ゾーン 10 進数　28
即値アドレス指定方式　107

た 行

代入法　42
タイミングチャート　66
ディスティネーションオペランド　101
データ転送命令　114
データハザード　168
データバス　144
デクリメント　87
デコーダ　61
ド・モルガンの定理　41
トリガ入力　68

な 行

内部割り込み　132
ニーモニック　107
ノイマン型コンピュータ　1

は 行

ハーバードアーキテクチャ　169
ハイインピーダンス状態　75

索　引　**185**

排他的論理和　57
バイト　12
パイプライン処理　167
パイプラインステージ　167
パイプラインハザード　168
バス　142
パック10進数　29
パリティビット　32
半加算器　59
汎用レジスタ　8, 87, 99
比較命令　121
引き放し法　22
引き戻し法　21
左シフト演算　89
ビット　10
ビットシフト操作　89
ブース法　20
符号化　30
符号付き絶対値表現　14
浮動小数点数　25
フラグレジスタ　93, 99
フリップフロップ　64
プログラムカウンタ　6, 99
プログラム内蔵方式　1
負論理　53
分岐命令　125

ま　行
マイクロプログラム方式　141
マクロ命令　111
マスタースレーブ JK–FF　69
右シフト演算　89
命令形式　98
命令語長　102
命令実行サイクル　145
命令セット　4, 97
命令セットアーキテクチャ　7
命令デコーダ　61, 148
命令フェッチサイクル　145
メモリ　3
メモリ番地　6
メモリマップド方式　160
モジュール　8

や　行
読み出し信号　144

ら　行
リセットベクタアドレス　164
リセットベクタ方式　164

レジスタ　72
レジスタ・メモリ間操作命令　104
レジスタ間操作命令　104
ロード信号　142
論理演算子　38
論理演算式　37
論理演算命令　120
論理回路　8, 36
論理加減算　79
論理関数　37
論理シフト演算　89
論理積　39
論理代数　8, 37
論理値　37
論理否定　39
論理変数　37
論理和　38

わ　行
ワード　12
ワイヤードロジック方式　141
割り込み　132
割り込みベクタアドレス　165

著 者 略 歴

遠藤　敏夫（えんどう・としお）
- 1973 年　名古屋大学大学院工学研究科修了
- 1973 年　大同特殊鋼㈱入社
- 1999 年　大同工業大学工学部応用電子工学科教授
- 2002 年　大同工業大学情報学部情報学科教授
- 2008 年　大同工業大学情報学部情報システム学科教授
- 2009 年　大同大学情報学部情報システム学科教授
- 2012 年　大同大学名誉教授
    　　　　現在に至る
    　　　　工学博士

基礎から学ぶコンピュータアーキテクチャ　　Ⓒ 遠藤敏夫　2008

2008 年 5 月 2 日　第 1 版第 1 刷発行　　【本書の無断転載を禁ず】
2025 年 3 月 10 日　第 1 版第 7 刷発行

著　者　　遠藤敏夫
発 行 者　　森北博巳
発 行 所　　森北出版株式会社
　　　　　　東京都千代田区富士見 1-4-11（〒 102-0071）
　　　　　　電話 03-3265-8341／FAX 03-3264-8709
　　　　　　https://www.morikita.co.jp/
　　　　　　日本書籍出版協会・自然科学書協会　会員
　　　　　　JCOPY ＜（一社）出版者著作権管理機構　委託出版物＞

落丁・乱丁本はお取替えいたします　　　印刷／双文社印刷・製本／ブックアート

Printed in Japan ／ISBN978-4-627-84791-0